规模化羊场肉羊科学养殖与疾病防控

主编 陶大勇 焦海宏 王权锋

电子科技大学出版社
University of Electronic Science and Technology of China Press
·成都·

图书在版编目（CIP）数据

规模化羊场肉羊科学养殖与疾病防控 / 陶大勇，焦海宏，王权锋主编 . —成都：成都电子科大出版社，2024.3

ISBN 978-7-5770-0931-5

Ⅰ.①规⋯　Ⅱ.①陶⋯　②焦⋯　③王⋯　Ⅲ.①肉用羊－饲养管理　②肉用羊－羊病－防治　Ⅳ.① S826.9 ② S858.26

中国国家版本馆 CIP 数据核字（2024）第 047726 号

规模化羊场肉羊科学养殖与疾病防控
GUIMOHUA YANGCHANG ROUYANG KEXUE YANGZHI YU JIBING FANGKONG

陶大勇　焦海宏　王权锋　主编

策划编辑　罗国良
责任编辑　罗国良

出版发行　电子科技大学出版社
　　　　　成都市一环路东一段 159 号电子信息产业大厦九楼　邮编 610051
主　　页　www.uestcp.com.cn
服务电话　028-83203399
邮购电话　028-83201495

印　　刷　三河市九洲财鑫印刷有限公司
成品尺寸　240mm×170mm
印　　张　8.75
字　　数　135 千字
版　　次　2024 年 3 月第 1 版
印　　次　2024 年 4 月第 1 次印刷
书　　号　ISBN 978-7-5770-0931-5
定　　价　78.00 元

版权所有，翻印必究

《规模化羊场肉羊科学养殖与疾病防控》
编 委 会

主　编：陶大勇　焦海宏　王权锋

编　委：（按姓名拼音序）

　　　　美合日古丽·阿卜杜热西提　新疆莎车县农业农村局

　　　　陶大勇　塔里木大学

　　　　吐尔逊江·库尔班　塔里木大学

　　　　李继兴　重庆市石柱县农业农村局

　　　　高庆华　塔里木大学

　　　　焦海宏　塔里木大学

　　　　矫继峰　辽宁营口理工学院

　　　　祁成年　塔里木大学

　　　　赵金香　辽宁营口理工学院

　　　　王权锋　天津津垦牧业集团有限公司

　　　　王维群　泰昆集团有限责任公司

前言

新疆，作为我国传统的草原牧区之一，拥有辽阔的草原、优良的草畜、悠久的畜牧业发展历史。其中，养羊业是新疆畜牧业的重要组成部分，也是全球最大的羊肉产区之一。然而，由于养羊技术水平相对较低、人工草场数量有限、舍饲水平不高、先进技术应用不足，养羊产业在肉羊品种培育、杂交利用技术、快速繁育技术、高效饲喂技术以及规模化饲养技术等方面的研究与推广明显滞后于产业发展需求。此外，配套的技术标准、操作规程、产品标准、饲料供应、疫病防治、技术培训、产业协会等服务体系的不足，也严重制约了养羊产业的进一步发展。

为了改变这一状况，2011年，新疆维吾尔自治区在保护绵（山）羊地方品种的前提下，启动了"多胎（多羔）肉羊杂交生产体系建设行动计划"和"畜禽十年育种计划"，并相继制定了一系列扶持政策，以刺激肉羊良种的推广与养殖。为了贯彻执行这些计划，自治区及兵团各级政府推动了多项支持养羊产业的项目。

在这一背景下，主编人员承担了科技部科技人员服务企业项目"农三师喀什垦区肉羊高效养殖关键技术研究与示范"、兵团科技特派员团队项目"第三师五十团肉羊高效养殖技术示范"、兵团农业技术辐射带动工程项目"肉羊产业发展及其兽医安全技术服务集成与示范"、兵团科技局项目"农区肉羊养殖及兽医保障技术示范与推广"等。在这些项目的执行过程中，主编了本书，作为技术培训教材，并在实际应用中不断地修改和完善。

本书由陶大勇、焦海宏、王权锋主编，全书共七章，涉及规模化羊场经营管理技术、适合新疆南部的多胎性品种羊介绍、饲草料利用，以及肉羊舍饲圈养技术、胚胎移植技术、人工授精技术、多胎繁育技术、两年三产技术、羔羊早期断奶技术、短期育肥技术、抗病育种技术，适用性强的羊舍设计等内容。其中，王维群撰写第一章，陶大勇、祁成年撰写第二章，祁成年、王权锋、王维群、矫继峰、李继兴撰写第三章，美合日古丽·阿卜杜热西提、高庆华撰写第四章，焦海宏撰写第五章，陶大勇、吐尔逊江·库尔班撰写第六章，赵金香撰写第七章。

本书出版承蒙新疆兵团塔里木动物疫病诊断与防控工程实验室和塔里木大学动物医学学科的资助。

编写《规模化羊场肉羊科学养殖与疾病防控》一书一直是我们心中坚守的目标。我们努力工作，适时总结整理，但由于知识水平有限，本书难免存在错误、遗漏和不足之处，敬请广大读者批评指正。

编者

2023 年 11 月

目 录

第一章 规模化羊场经营管理 ... 1

第一节 标准化养羊概况 ... 2
一、标准化高效养羊生产的技术体系核心 ... 2
二、标准化高效养羊的发展原则 ... 2
三、标准化高效肉羊产业发展的限制因素分析 ... 3
四、中国肉羊业应采用标准化高效养羊生产配套技术与措施 ... 3

第二节 规模化羊场管理 ... 5
一、技术管理 ... 5
二、羊场计划管理 ... 5
三、羊场的劳动管理 ... 6
四、羊场经济核算和财务管理 ... 6

第二章 多胎羊种质资源 ... 9
一、湖羊 ... 10
二、小尾寒羊 ... 12
三、杜泊羊 ... 14
四、多浪羊 ... 15
五、无角陶赛特羊 ... 17

  六、特克赛尔羊 ································· 18

  七、策勒黑羊 ··································· 18

  八、萨福克羊 ··································· 20

  九、夏洛来羊 ··································· 20

  十、细毛羊 ····································· 21

  十一、波尔山羊 ································· 21

  十二、南江黄羊 ································· 22

第三章　肉羊生产管理技术 ························· 25

第一节　羊的特性 ································· 26

  一、羊的生态适应性 ····························· 26

  二、羊的生活习性 ······························· 27

第二节　接产护羔技术 ····························· 28

  一、分娩前准备 ································· 28

  二、接产 ······································· 29

  三、特殊情况处理 ······························· 29

第三节　羔羊培育技术 ····························· 30

  一、早吃初乳，哺好常乳 ························· 30

  二、早补饲 ····································· 32

  三、早运动 ····································· 32

  四、羔羊饲养管理其它注意事项 ··················· 32

第四节　羔羊的断奶及育成操作技术 ················· 32

  一、圈舍要求 ··································· 32

  二、草料贮备设施 ······························· 33

三、羔羊断奶前的管理 ································· 33

　　　四、羔羊断奶 ··· 35

　　　五、育成羊的培育 ··································· 36

　　　六、资料记录 ··· 38

　第五节　成年羊的饲养管理 ································· 38

　　　一、羊只引进和购入 ··································· 38

　　　二、羊场的日常饲养管理制度 ··························· 39

　　　三、种公羊饲养管理操作规程 ··························· 41

　　　四、母羊饲养管理操作规程 ····························· 42

　第六节　羊的育肥技术 ····································· 43

　　　一、选购羊只 ··· 43

　　　二、进舍后管理 ······································· 44

　　　三、育肥期饲养管理 ··································· 44

　第七节　草料供应与处理 ··································· 45

　　　一、饲料分类 ··· 45

　　　二、饲料营养 ··· 46

　　　三、饲料加工 ··· 47

　　　四、饲料配方参考（以100kg为例） ···················· 49

第四章　羊的繁殖技术 ······································· 51

　第一节　繁殖技术 ··· 52

　　　一、繁殖方法 ··· 52

　　　二、提高繁殖率方法 ··································· 53

　　　三、发情鉴定 ··· 55

第二节 同期发情技术 ... 56
一、孕激素阴道栓+PMSG（孕马血清促性腺激素）法 ... 57

第三节 人工授精技术 ... 58
一、人工授精的意义 ... 58
二、精液品质检查 ... 59
三、冻精解冻 ... 60
四、人工授精操作规程 ... 61

第四节 胚胎移植技术 ... 64
一、概述 ... 64
二、动物胚胎移植的原理 ... 64
三、胚胎移植操作的原则 ... 65
四、胚胎移植的用途 ... 65
五、开展胚胎移植工作需要的条件 ... 67
六、羊的胚胎移植技术 ... 67
七、绵羊胚胎移植操作规程 ... 70

第五章 羊场防疫措施 ... 79
一、规模化羊场防疫基本要求 ... 80
二、各类疾病的防治措施 ... 81
三、羊场防疫与驱虫操作规程 ... 82
四、疫病防治措施 ... 82
五、羊的免疫防预规程 ... 85

第六章　羊常见疾病防控技术 ... 89

  一、布鲁菌病 ... 90

  二、绵羊痘和山羊痘 ... 91

  三、羔羊痢疾 ... 92

  四、羊传染性口膜炎 ... 93

  五、羊传染性脓疱病 ... 94

  六、口蹄疫 ... 95

  七、小反刍兽疫 ... 97

  八、传染性胸膜肺炎 ... 99

  九、李氏杆菌病 ... 100

  十、羊沙门氏菌病 ... 101

  十一、胃肠炎 ... 103

  十二、肺炎 ... 104

  十三、硒缺乏症 ... 105

  十四、铜缺乏症 ... 106

  十五、难产 ... 107

  十六、异食癖 ... 107

  十七、羔羊皱胃毛球阻塞 ... 108

  十八、棉籽饼中毒 ... 109

  十九、疥癣病 ... 110

  二十、羊狂蝇蛆病 ... 111

  二十一、细颈囊尾蚴病 ... 111

  二十二、羊消化道线虫病 ... 113

第七章　羊舍建设 ... 115

　　一、选址 ... 116

　　二、羊场要求 ... 116

　　三、羊舍的建造形式 ... 117

　　四、羊舍设计图及说明 ... 118

参考文献 ... 128

第一章

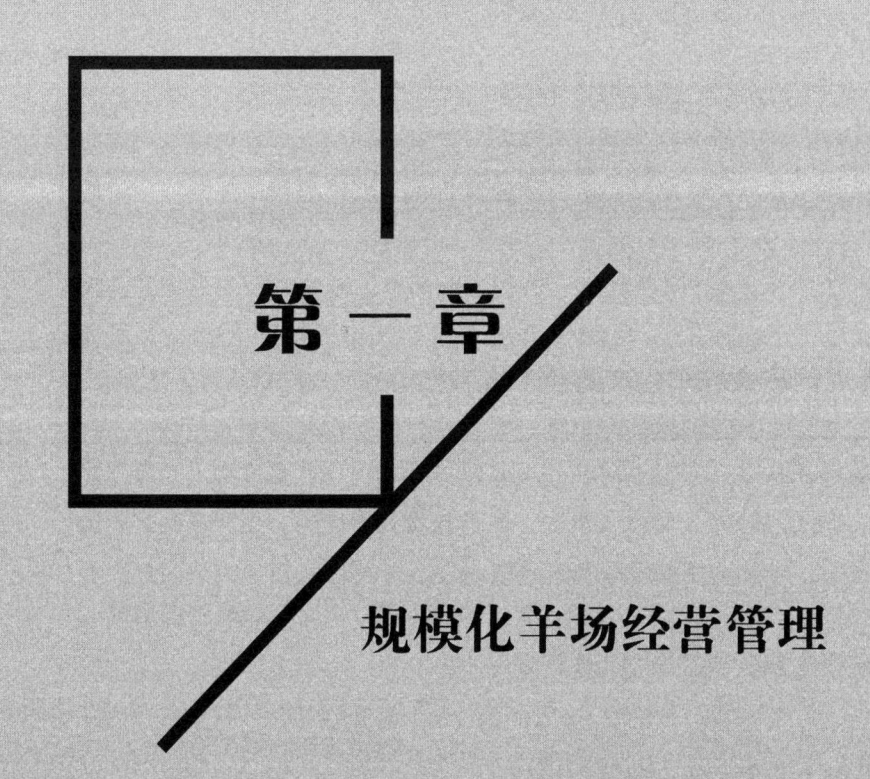

规模化羊场经营管理

第一节 标准化养羊概况

一、标准化高效养羊生产的技术体系核心

标准化高效养羊生产的技术体系核心是体现出高产出高收入理念。特点是羊场规模大、饲养密度高、生产周期短、生产过程技术密集、生产率高，产品能适应市场需求，饲养方式以全舍饲为主。

二、标准化高效养羊的发展原则

1. 坚持以市场为导向、效益为目标的原则

立足于现实养羊生产发展水平和市场供求格局的实际，既要适应市场的现实需要，又要研究和预测潜在的、未来的市场需求趋势，满足社会对羊产品的数量需求，以及多样化、多层次、优质化和动态发展的需求。

2. 坚持依靠科技进步的原则

坚持科技先行，提高技术装备水平，推进肉羊业生产方式转变，加快肉羊产业现代化建设步伐。

3. 坚持因地制宜、分类指导、分层推进的原则

充分发挥资源、经济、市场、技术等方面的区域比较优势，逐步形成具有区域特色、行业特色的标准化高效肉羊产业。

4. 坚持保护生态环境，实行可持续发展的原则

在优化生态环境的前提下，发展高效的标准化肉羊产业。

三、标准化高效肉羊产业发展的限制因素分析

1．生产与管理模式陈旧，产品市销不对路

现行的肉羊生产方式主要体现在羊场的规模小，自交繁育，品种不符合高档羊肉市场的要求，季节性生产和出栏，使羊肉产品的消费者、加工生产者都不能达到均衡供应，不易实现常年消费同一品质的羊肉产品。

2．盲目引种，羊群的质量严重下降

近十余年来，陆续从国外引入大批优质肉羊品种，但对于引入的肉羊品种缺乏系统的技术规范，形成乱交乱配的混乱局面。

3．以靠天养畜为主，污染逐年增加

新疆维吾尔自治区肉羊产业大多处于靠天养畜状态。多数草原干旱现象加剧，缺乏有效的草原利用与保护机制，超载过牧，导致草原生态的破坏，已经威胁到国家肉羊业的经济效益。

4．科学系统的养羊技术体系尚在建立

目前，在饲养工艺模式以及配套设施、羊舍建设及其环境控制、繁殖控制技术、饲养标准、疫病防治程序等方面处于探索研究和实践阶段。

四、中国肉羊业应采用标准化高效养羊生产配套技术与措施

面对激烈的国内、区内竞争，必须改变传统的养殖习惯，肉羊产业才能获得较高的经济效益。标准化高效肉羊生产方式是高度集约化，其设施占地、资源投入、劳动效率和经济效益都经严格测算，必须以最佳的设施环境、用最小的投入获取最高效益。

1．加速推广和培育适于国内、区内高档羊肉生产的专门化肉羊新品种

自治区已从国外先后引进了湖羊、杜泊羊等品种，这些品种是符合国内和

区内高档羊肉市场需求的专门化的肉羊新品种,采用 MOET 技术进行快速扩繁,可以缩短育种进程,提高育种效率,提高肉羊生产性能。

2. 加强标准化肉羊生产工艺模式

在肉羊生产中,所需相关配套设施与设备,以及羊舍建造与环境调控技术必须与当地生态大环境相适应,开展相关的技术研究。

3. 推广羔羊早期断奶和直线强化育肥配套技术

羔羊生产是标准化高效肉羊生产的重要环节之一,羔羊的断奶时间应当在 40-60 日龄,最早可在 20 日龄进行断奶。对于羔羊早期断奶的高效羔羊料的品种也应多种多样,以适应不同生产阶段羔羊的需求。

利用羔羊生长发育快的特性对羔羊实现早期培育,可以实现羔羊的反季节生产,与市场需求接轨,创造较好的经济效益。对母羔羊实现重点培育,可以使当年母羔当年参加正常繁殖生产,降低生产成本。

4. 积极开发新的饲草资源

以草定畜,严格控制天然或人工草场载畜量,防止过牧引起草场退化。现代化肉羊生产及饲料工业要求种植业的供给不仅是总量,而且要求品种齐全,蛋白质饲料充足。

5. 调整产业结构,快速实现肉羊生产产业化

结合调整产业结构,改变现有经营方式,逐步建立标准化舍饲养羊生产体系、良种繁育体系、种草与饲料加工体系以及绿色畜产品加工体系。

6. 推广公司加农户、公司加合作社等多种联营形式

使优良种畜、繁殖母畜和育肥商品畜组成协调生产体系,形成产业化经营模式,快速实现生产、加工、销售一体化。

高效养羊为标准化生产的一种完整体系生产工艺流程如下:优质牧草的高产栽培→作物秸秆及农副产品的加工与高效利用→各类羊的高效饲养→优良品种的引用、改良、杂交与利用→高频、高效繁殖与管理→环境调控→兽医综合保健→粪便无害化处理与高效有机复合肥生产、加工利用→羊肉产品的深加工与产业化→过腹还田与农业可持续发展。

第二节 规模化羊场管理

一、技术管理

1. 合理分群

根据羊的生长阶段，羊场一般分为种公羊、成年母羊（妊娠母羊、哺乳母羊、空怀母羊）、后备母羊、羔羊、育肥羊七个群。

2. 羊群结构

种羊场适繁母羊比例应占60%以上，公羊3%-4%，后备母羊25%-30%，老龄羊（6岁以上）比例要小，特殊优秀老羊留下。

肉羊场母羊占70-80%，种公羊本交时公：母=1：30-50，人工授精时公：母=1：100-1000。适繁母羊比例越高，对提高肉羊生产效益越有利。

3. 羊群规模

因饲草饲料条件、羊舍、资金、技术状况等酌情确定。

二、羊场计划管理

1. 羊只生产计划

生产计划包括配种分娩计划、羊群周转计划。

生产计划制定必须掌握以下资料：

A. 计划年初羊群各组羊的实有只数

B. 去年交配今年分娩的母羊数

C. 本场母羊受胎率、产羔率和羔羊繁殖成活率

D. 计划年生产任务

2．饲料生产、供应计划

饲料生产计划反映饲料供应的保证程度，饲料供应计划包括制定日粮标准、饲料定额、饲料粮的留用、青饲料生产和供应的组织、饲料采购与贮存、饲料的加工配合等。

3．羊群发展计划

要考虑本场的饲料、设施、技术水平等条件。

4．羊群疫病防治计划

疫苗预防注射计划

羊舍消毒计划

羊群定期检疫计划

病羊隔离与防治计划

三、羊场的劳动管理

劳动定额：指一个劳动力可管理羊群的数量。劳动定额可根据饲养条件、机械化程度、羊群不同类型而有差异。

标准化羊场一个劳力可定岗养殖成年母羊50-100只，或育成母羊100-150只，或育肥羊200-250只。

如果羊场有自动投料设施、自动清粪设施，劳动定额标准可加倍。

四、羊场经济核算和财务管理

1．经济核算

包括资金核算和饲养成本核算。

资金核算：固定资金和流动资金核算。

饲养成本核算：衡量饲养管理水平和质量的重要指标，包括断奶羔羊活重单位成本、育肥羊单位增重成本、饲养日成本、羊群断奶重单位成本、育肥羊增重单位成本。

饲养日成本（元/只日）=该羊群本期饲养总成本/该羊群本期饲养只日数

羊群断奶重单位成本（元/kg）=（分娩羊群饲养费用－副产品收益）/断奶活羔羊重量（kg）

育肥羊增重单位成本（元/kg）=（该群羊饲养费用－副产品收益）/该群羊增重

2. 财务管理

通过会计工作和物资保管工作进行。

3. 羊场经济活动分析

主要项目是分析畜群结构、饲料消耗（包括定额、饲料利用率、饲料日粮）、劳动力利用（配置、利用率、劳动生产率）、资金利用、产品率（繁殖率、产羔数、成活率、日增重、饲料报酬）、产品成本、羊场盈亏状况等。

通过分析检查计划完成情况以及影响计划完成的各种有利因素和不利因素，对羊场的经济活动作出正确的评价，并在此基础上制定下一阶段保证完成和超额完成生产任务的措施。

羊场应每年进行一次经济活动分析。

4. 饲养100头生产母羊的经济效益分析（以多浪羊为例）

每羊每天计算，一年的收入。

表 1-1　两种饲养模式下羊养殖效益分析

投入	名称	单价	放牧加舍饲 采食量	费用	舍饲（二年三产）采食量	费用
成年羊 100只	棉籽壳	1.2元	1kg	1.2	1kg	1.2
	稻草	0.35元			2kg	0.7
	玉米	2.8元	0.1kg	0.28	0.2kg	0.56
	青贮	0.45元			2kg	0.9
	人工费	100元/天	1元/羊天	1		1
	其他			0.3		0.3
	合计		一年投入	101470	二年投入	340180
羔羊 130只	棉籽壳	1.2元	0.3kg	0.36	0.2kg	0.24
	苜蓿草	1.4元	0.1kg	0.14	0.2kg	0.28
	玉米	2.8元	0.1kg	0.28	0.3kg	0.84
	青贮	0.45元			1kg	0.45
	稻草	0.35元			1kg	0.35
	合计		300天	30420	540天	151632
总计			一年投入	131890	二年投入	491812
收入	羔羊销售	1200元	130只	156000	390只	468000
	羊粪	1000元	30吨	30000	80吨	80000
	合计		一年收入	186000	二年收入	548000
赢利			一年	54110	一年	28094

其他费用：指水、电、折旧、药品等。

产羔率按130%计算，传统养殖模式可产130只羔羊，生长期300天。两年三产模式可产羔390只羔羊，生长期180天。

从表1-1可以看到，放牧加舍饲模式下，饲养100只母羊，年收益5.4万余元，而两年三产舍饲模式下，年收益只有2.8万余元，相比放牧条件下收益低的主要原因是主要饲料成本目前居高不下，投入成本太高引起。

第二章

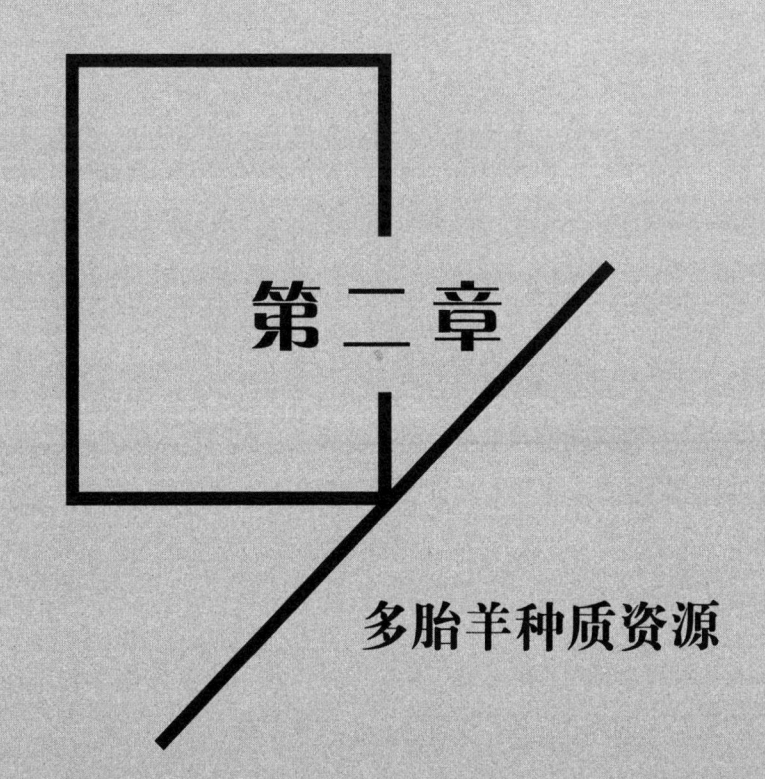

多胎羊种质资源

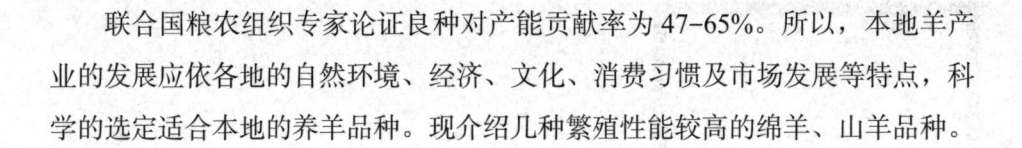

联合国粮农组织专家论证良种对产能贡献率为47-65%。所以，本地羊产业的发展应依各地的自然环境、经济、文化、消费习惯及市场发展等特点，科学的选定适合本地的养羊品种。现介绍几种繁殖性能较高的绵羊、山羊品种。

一、湖羊

1. 种群分布

畜牧学分类上为羔皮、肉食兼用的粗毛羊。由于受到太平湖的自然条件和人为选择的影响，逐渐育成独特的一个稀有品种，产区在浙江、江苏间的太湖流域，所以称为"湖羊"。

2. 形态特征

由蒙古羊选育而成，具短脂尾型特征。湖羊体格中等，公、母均无角，头狭长，鼻梁隆起，多数耳大下垂，颈细长，体躯狭长，背腰平直，腹微下垂，尾扁圆，尾尖上翘，四肢偏细而高。脂尾扁圆形，不超过飞节。被毛全白，腹毛粗、稀而短，体质结实。

3. 品种特性

适于舍饲，湖羊的这一特性有利于标准化生产肥羔。

叫声求食：湖羊的长期舍饲形成了"草来张口，无草则叫"的习性。在无外界因子干扰下，听到全群羊发出"咩咩"的叫声，大多因饥饿引起，应及时喂草。

喜食夜草：夜间安静、干扰少，食草量大（约占日需草量的2/3）。长期养湖羊的农民总结出"白天缺草羊要叫、晚上缺草不长膘"的经验。

母性较强：产羔母羊不仅喜爱亲生小羊，而且喜欢非亲生之羔羊，尤其是丧子后的母羊神态不安，如遇其他羊分娩时，站立一旁静观，待小羔落地就会上前嗅闻并添干身上粘液，让羔吮乳。这种特性有利于需羔羊寄养时寻找"保姆"。

湖羊喜欢安静，尤其是妊娠或哺乳母羊，如遇突然噪音则易引起流产和影响健康。

喜欢干燥清洁的生活环境。怕湿、怕蚊蝇，故羊舍应清洁、干燥、卫生，防止蚊蝇侵扰。

湖羊怕光，尤其是怕强烈的阳光。因此，饲养湖羊应具有较暗的生活环境。

湖羊适应性强、耐高温高湿、生长快、产肉性能强、肉质好、成熟早、繁殖率高、泌乳量多。

产肉性能：羔羊生长发育快，三月龄断奶体重：公羔25kg以上，母羔22kg以上。成年羊体重：公羊65kg以上，母羊40kg以上。屠宰率50%左右，净肉率38%左右。

繁殖性能：湖羊性成熟早，终年配种产羔。3-4月龄羔羊就有性行为表现，5-6月龄达性成熟，初配年龄为8-10月龄；母羊发情周期为16-18天，配种适期为发情后12-24h，如采用二次配种，则母羊发情后6-8h配种1次，间隔8-10h后再配1次；怀孕期平均为150天。经产母羊平均产羔率220%以上。可两年产三胎或一年产两胎，每胎产羔2-3只。

泌乳性能：在正常饲养条件下，日产乳1kg以上。

产毛性能：湖羊毛属异质毛，每年春、秋两季剪毛，公羊1.25-2kg，成年母羊2kg，平均细度44支，净毛率60%以上，适宜织地毯和粗呢绒。

4．增产技术

应用优良种羊，强化种公羊管理。引进体型大、生长发育快的良种公羊，经常串换种公羊，以避免近亲繁殖。

调整湖羊产羔季节，缩短饲养周期，围绕肥羊生产，可推行2种繁殖制度：一是在4月下旬至5月初配种，9月底10月初产羔；二是10月至11月配种，翌年3月至4月产羔，入冬后体重可达37-40kg开始销售。使饲养期缩短了2-3个月，实现"一年二胎或两年三胎"。实行一母哺双羔，增加留羔和肥羔数量。秋配春产的羊不宜留种，只宜用于肉羊生产。

实行两年三胎的湖羊配种、产羔安排为：第1胎4-5月配种、9-10月产羔，留种或作肥羔；第2胎2-3月配种、7-8月产羔，全部屠宰剥取羔皮；第

3胎9-10月配种翌年2-3月产羔，生产肥羔、年底出售。

饲养方式：舍饲是湖羊的基本饲养方式，羊舍应选择地势高燥、排水良好的地方。一般种公羊每只占地1.5-2.0㎡，妊娠或哺乳母羊每只为1.2-1.6㎡，后备公、母羊每只0.5-0.6㎡。实行公、母、羔羊分栏饲养，防止早配、滥配。湖羊喜干燥、厌潮湿，可采用离地平养或漏空地板。

二、小尾寒羊

1. 种群分布

小尾寒羊产于河北南部、河南东部和东北部、山东南部及皖北、苏北一带。

2. 外形特征

小尾寒羊体形结构匀称，侧视略成正方形；鼻梁隆起，耳大下垂；短脂尾呈圆形，尾尖上翻，尾长不超过飞节；胸部宽深、肋骨开张，背腰平直。体躯长呈圆筒状；四肢高，健壮端正。全身被毛白色、异质、有少量干死毛，少数个体头部有色斑。按照被毛类型可分为裘毛型、细毛型和粗毛型三类。

公羊头大颈粗，有发达的螺旋形大角，角根粗硬；前躯发达，四肢粗壮，有悍威、善抵斗。母羊头小颈长，大都有角，形状不一，有镰刀状、鹿角状、姜芽状等，极少数无角。

3. 品种特性

早熟、多胎、多羔：小尾寒羊母羊6月龄即可配种受胎，小尾寒羊公羊8月龄可少量应用配种，但须加强饲养。一般1岁以上的公羊参加配种。小尾寒羊终年可繁殖，繁殖力极强，两年三产，不少是一年两产。平均产羔率为281.9%，最多一胎可产9羔。其繁殖性能有两个显著特点，一是前四胎之内，随着胎次的增加，产羔率大幅度提高；二是第三、四胎次的三羔率和四羔率约为第一、第二胎次的两倍，占分娩母羊数的40%以上。

生长快、体格大、肉多、肉质好：小尾寒羊4月龄即可育肥出栏，年出栏率400%以上；周岁育肥羊屠宰率55.6%，净肉率45.89%。小尾寒羊成年公羊体重为80.50kg，成年母羊为57.30kg。公母羊体重其性别差异从周岁开始明显增大。

适应性强：小尾寒羊虽是蒙古羊系，在全国各地都能饲养，均能正常生长、发育、繁衍。

遗传性稳定：高产后代能够很好的继承亲本的生产潜力，品种特征保持明显，尤其是小尾寒羊的多羔、多产特性能够稳定遗传。

裘皮质量好：小尾寒羊4-6月龄羔皮，制革价值高，加工鞣制后，是制做各式皮衣、皮包等革制品及工业用皮的优质原料。

妊娠期：小尾寒羊的妊娠期为148.6±1.93天，不同胎次的妊娠期差别不大，不同产羔类型间差异很小。由于年龄及营养状况的不同呈现一定差异，但差异不显著。

非季节性繁殖：非季节性繁殖是小尾寒羊的显著特征。

4．增产技术

繁殖：小尾寒羊属于全年多次发情的动物。但由于绵羊是短日照繁殖家畜，可以用人工控制光照来决定配种时间。夏季每天将羊遮黑一段时间来缩短光照相馆，能使配种季节提前出现；秋季在羊舍用灯光延长照明时间，能使配种季节前结束。

温度对母羊发情有重要影响。每年秋季，如雨过天晴，天气变凉，羊群都会出现一批发情羊。

性刺激对母羊发情有一定作用。将公羊放入羊群中，能诱导母羊开始发情或提前发情。

营养状况对母羊发情也有明显作用。营养佳、膘情好，则发情开始早，否则发情开始晚，发情时间短，发情周期少。

公羊全年均可配种，但以秋季性欲最高、精液质量好，以冬季性欲最低，以夏季精液质量最差。

小尾寒羊的发情持续期为1.5-2天，平均为44h。发情周期为15-21天，平均为18天。母羊产后若在繁殖季节内仍能发情,叫产后发情,产后发情的时间为产后20-60天,平均为35天。

配种季节:若要1-2月份产羔,就要8-9月份配种;若要3-4月份产羔,就要10-11月份配种。1-2月份所产的冬羔,具有初生重大、生长发育快、成活率高和整齐度好等优点,所以,在有条件的地方,应尽量安排产冬羔。

配种时间:绵羊在发情开始后8-24h排卵,因此,配种适期是在发情后8-20h。为保证受胎率,实践中常进行重复交配,即早晨检出的发情母羊早晨配种1次,下午再配种1次;下午检出的发情母羊傍晚配种1次,第二天早晨再配种1次。两次配种间隔8-16h,一般1个发情期配2次即可。

三、杜泊羊

1. 种群分布

杜泊羊是由有角陶赛特羊和波斯黑头羊杂交育成,遗传性很稳定,无论纯繁后代或改良后代,都表现出极好的生产性能与适应能力,最初在南非较干旱的地区进行繁殖和饲养,现已广泛分布南非各省。

2. 形态特征

杜泊羊体躯呈独特的筒形,无角或有小角根,体躯和四肢皆为白色,头颈颜色有黑色、白色两种。头顶部平直、长度适中,额宽,鼻梁微隆,耳小而平直,既不短也不过宽;颈粗短,肩宽厚,背平直,肋骨拱圆,前胸丰满,后躯肌肉发达;四肢强健而长度适中,肢势端正。

3. 品种特性

杜泊羊适应性极强,采食性广、不挑食,能够很好地利用低品质牧草,在干旱或半热带地区生长健壮,抗病力强;适应的降水量为100-760 mm,能够自动脱毛。

繁殖率高:杜泊羊多胎、高产,不受季节限制,可常年繁殖。母羊产羔率在150%以上,初产母羊一般产单羔,母性好、产奶量多,能很好地哺乳多胎后代。情期母羊的受胎率相当高,母羊的产羔间隔期为8个月。因此,在饲草条件和管理条件较好情况下,母羊可达到两年三胎。经过良好的生产管理,羊场可一年四季按计划年生产肥羔。

生长周期短:羔羊不仅生长快,而且具有早期采食的能力。一般条件下,平均日增重300g,生长速度快。成年公羊和母羊的体重分别在120kg和85kg左右。杜泊羊个体中等,体躯丰满,体重较大,肉中脂肪分布均匀,为高品质胴体。

适应性强:杜泊羊能良好地适应广泛的气候条件和放牧条件,在粗放的饲养条件下,它都有良好表现,在舍饲与放牧相结合的条件下表现更佳。在较差的放牧条件下,其它品种羊不能生存时,它却能存活,即使在相当恶劣的条件下,母羊也能分娩并带好1头质量较好的羔羊。

食草性广:杜泊羊食草性广,对各种草料不会挑剔(非选择性),可饲喂其它品种羊较难利用和不能利用的各种草料。

母性良好:杜泊羊产乳量高,护羔性好。

管理容易:杜泊羊是一种容易管理的品种,省劳力,它的体表羊毛到夏天会自行脱落干净,无需剪毛,它的皮肤较厚,可以经受较恶劣的气候条件。

板皮好:杜泊羊的板皮质量好,板皮厚且面积大,是上等皮革原料,常被用来做马的鞍具等高级制品,皮的经济价值占整个屠体的20%。

4. 增产技术

用肉用杜泊绵羊作为父本,小尾寒羊作为母本,进行杂交。杂一代的出生重比较大,杂一代初产母羊的产羔率比杜泊提高了49.29个百分点。杂一代的屠宰率比小尾寒羊提高了1.27个百分点,净肉率提高了3.78个百分点。

四、多浪羊

1. 种群分布

多浪羊中心产区在新疆喀什地区麦盖提县,新疆南疆各县均有分布。

2. 形态特征

多浪羊体质结实、结构匀称、体大躯长而深，肋骨拱圆，胸深而宽，前后躯较丰满，肌肉发育良好，头中等大小，鼻梁隆起，耳特别长而宽。公羊绝大多数无角，母羊一般无角，尾形有W状和U状。母羊乳房发育良好。体躯被毛为灰白色或浅褐色（头和四肢的颜色较深，为浅褐色或褐色），绒毛多、毛质好，绝大多数的羊毛为半粗毛，而少部分羊的羊毛偏细，匀度较好，没有干死毛。但有些羊毛中含有褐色或黑色的有色毛，部分毛束形成小环状毛辫。根据体形、毛色和毛质的情况，多浪羊现有两种类群，一种体质较细，体躯较长，尾形为W状，不下垂或稍微下垂，毛色为灰白色或灰褐色，毛质较好，绒毛较多，羊毛基本上是半粗毛；另一种体质粗糙，身躯较短，尾大而下垂，毛色为浅褐色或褐色，毛质较粗，有少量的干、死毛。这种羊数量较少。

3. 品种特性

多浪羊体格大、生长发育快、产肉率高，毛质好、绒毛多，繁殖率高，性情温顺，遗传性稳定。

产肉性能：多浪羊在全年舍饲的条件下进行饲养，产肉性能好，不仅屠宰率高，骨肉比也高，尤其是当年羔羊生长快、早熟，在断奶后增重快。周岁以内的羊，屠宰率可高达53-56%，而且肉质鲜美可口。

产毛质量：多浪羊大多数是半粗毛，其中有些毛由于毛质不纯，毛色不一致，这种毛只能加工毡子；而有些白色毛的毛丛中杂有有色纤维，这些毛可以加工地毯，不能作为加工毛线和毛毯的好原料。但有些被毛中没有黑色或褐色的纤维，是纯白色毛，这种毛可以加工毛毯、地毯和毛线。

繁殖性能：多浪羊有较高的繁殖能力。性成熟早，一般公羔在6-7月龄性成熟，母羔在6-8月龄初配，一岁母羊大多数已产羔。母羊的发情周期一般为15-18天，发情持续时间平均为24-48h。妊娠期150天。一般两年产三胎，膘情好的可一年产两胎，而且双羔率较高，可达33%，并有一胎产三羔、四羔的，一只母羊一生可产羔15只，繁殖成活率在150%左右。

五、无角陶赛特羊

1. 种群分布

原产大洋州的澳大利亚和新西兰，我国新疆和内蒙古自治区曾从澳大利亚引入该品种。该品种是以雷兰羊和有角陶赛特羊为母本、考力代羊为父本进行杂交，杂种羊再与有角陶赛特公羊回交，然后选择所生的无角后代培育而成。

2. 形态特征

公、母羊均无角，体质结实，头短而宽、颈粗短、体躯长、胸宽深、背腰平直、体躯呈圆桶形、四肢粗短、后躯发育良好，全身被毛白色。

3. 品种特性

无角陶赛特羊具有早熟、生长发育快、全年发情和耐热及适应干燥气候等特点。产羔率 130%-180%。该品种成年公羊体重 90-110kg，成年母羊为 65-75kg。剪毛量 2-3kg，净毛率 60% 左右，毛长 7.5-10cm，羊毛细度 56-58 支。4 月龄羔羊胴体 20-24kg，屠宰率 50% 以上。

4. 增产技术

公羊和母羊的繁殖力强，它的后代繁殖力也强，可以通过选择产多羔的公母羊或者选择本身就是多胎羔的公母羊作种用，可以保持和改进产羔率。

第一次产羔时间往往影响终生的产羔数，如果选择发育快、初情期早的公母羊时，可以把这种早熟性传给后代。如果选择的是体格大、体质好、抗病力强的公母羊，一般情况下它的后代也是如此。

如果近亲交配，则对遗传力的发挥影响很大，甚至使后代出现畸型（两性羊）和矮化，繁殖力降低，因此那些繁殖力低、体格小、体质差的羊不能做为种用，特别是种公羊要坚决淘汰。要严格避免近亲交配对遗传带来的影响。

六、特克赛尔羊

1. 种群分布

特克赛尔羊属于中大型品种，原产于荷兰。现已广泛分布到比利时、卢森堡、丹麦、德国、法国、英国、美国、新西兰等国，是这些国家推荐饲养的优良品种和用作经济杂交生产肉羔的父本。我国宁夏、内蒙、黑龙江等地引进。

2. 形态特征

特克赛尔属肉毛兼用羊，无角，被毛全白，头部无前额毛，四肢无被毛，四蹄为黑色。头大小适中，颈中等长，眼大突出，鼻镜、眼圈部、皮肤为黑色，蹄质为黑色。体躯长，前胸宽圆，肋骨开张良好，呈矩形，背腰平直、宽，体躯肌肉丰满，后躯发育良好，四肢开张、直立、粗壮有力，长短适宜。公母羊均无角，该羊适应性强耐粗饲。

3. 品种特征

特克赛尔羊寿命长、产羔率高、母性好、对寒冷气候有良好的适应性。母羊泌乳性能良好，产羔率150%-160%，早熟。羔羊肉品质好、肌肉发达、瘦肉率和胴体分割率高，市场竞争力强。公羊体重110-130kg，母羊70-90kg。剪毛量5-6kg，毛长10-15cm，毛细50-60支。羔羊70日龄前平均日增重为300g，在最适宜的草场条件下120日龄的羔羊体重40kg，6-7月龄达50-60kg，屠宰率55%-60%。

七、策勒黑羊

1. 种群分布

主要分布于新疆和田地区策勒县。

2. 形态特征

头较窄长，鼻梁隆起，耳较大，半下垂。公羊多数具有大螺旋形角，角尖向上向外伸出，母羊大多无角，或有不发达的小角。胸部较窄，背腰平直较短，十字部较宽平，四肢端正结实。尾形上宽下窄，以锐三角形为主，一般尾尖长不过飞节。成年羊被毛多为黑色，其它棕黑色、黄黑色和灰色个体不到三分之一。少数个体额部有白星或白斑，也有白尾尖的。羔羊出生时被毛墨黑，随着年龄的增长，除头和四肢外，逐渐变为深灰色。整个体躯覆盖着毛辫状长毛，粗毛占的比例较大。

3. 品种特性

体重：断奶公羔平均20.66kg，母羔平均20.10kg。成年公羊平均40.1kg，母羊平均34.53kg。

产毛量：策勒黑羊一年剪毛两次，夏季剪毛在6月下旬，周岁公羊0.7kg，周岁母羊0.68kg，成年公羊0.94kg，成年母羊0.74kg。秋季剪毛在9月底10月初，周岁公羊0.73kg，周岁母羊0.7kg，成年公羊0.78kg，成年母羊0.72kg。

羔皮品质：策勒黑羊的羔皮，毛卷显著，紧密，但丝性和光泽较差，随着用途的不同，对羔羊宰杀时间亦不相同。供妇女小帽妆饰用的羔皮，多在羔羊出生后2-3天宰杀剥取，男帽及皮领用皮多在出生后10-15天宰杀剥取，做皮大衣用的二毛皮，多在45天左右剥取。随着羊只年龄的增长，毛卷逐渐变直，形成波浪状毛穗。成年后波浪消失，成为一般毛辫。

繁殖性能：全年发情、繁殖率高是策勒黑羊突出的品种特征，性成熟约6月龄，正常配种年龄为1-2岁，妊娠期148-149天，平均产羔率为215.46%，七岁以上老龄母羊，产羔率下降到150%以下。一生中产羔胎次可达8次，有密集产羔特性。若母羊体膘好，产后20-30天即可发情、配种。产区多实行一年两产或两年三产，春羔多在10月底配种，翌年3月底4月初产羔，秋羔多在5月初配种，9月底10月初产羔。单羔占15.46%，双羔占61.86%，三羔占15.46%，四羔以上的占7.22%，最多出现一胎七羔。

八、萨福克羊

1. 种群分布

萨福克羊原产于英格兰东南部的萨福克、诺福克、剑桥和艾塞克斯等地。现广布世界地,是世界公认的用于终端杂交的优良父本品种。澳洲白萨福克是在原有基础上导入白头和多产基因新培育而成的优秀肉用品种。

2. 形态特征

头短而宽,鼻梁隆起,耳大,公、母羊均无角,颈长、深且宽厚,胸宽,背、腰和臀部长宽而平。肌肉丰满,后躯发育良好。体躯主要部位被毛白色,头和四肢为黑色,并且无羊毛覆盖。

3. 品种特性

早熟,生长快,肉质好,繁殖率很高,适应性很强。成年公羊体重100-136kg,成年母羊70-96kg。剪毛量成年公羊5-6kg,成年母羊2.5-3.6kg,毛长7-8cm,细度50-58支,净毛率60%左右,被毛白色,但偶尔可发现有少量的有色纤维。产羔率141.7%-157.7%。

产肉性能好:经肥育的4月龄公羔胴体重24.2kg,4月龄母羔为19.7kg,并且瘦肉率高,是生产大胴体和优质羔羊肉的理想品种。

九、夏洛来羊

1. 种群分布

原产于法国。

2. 形态特征

夏洛来羊头部无毛,脸部显粉红色或灰色,额宽、耳大。体宽深,背部平直,肌肉丰满,后躯宽大。两后肢距离大,肌肉发达,呈"U"字形,四肢较短。

3. 品种特性

夏洛来羊成年公羊体重 100-150kg，成年母羊 75-95kg；羔羊生长发育快，6 月龄公羊体重达 48-53kg，母羔 38-43kg；夏洛来羊胴体质量好，瘦肉多，脂肪少，屠宰率在 55% 以上。母羊 8 月龄可配种。初产羔率 140%，3-5 产可达 190%。毛短，细度 65-60 支。

十、细毛羊

1. 种群分布

德国肉用美利奴羊分布在新疆阿克苏地区拜城县、石河子地区。

2. 形态特征

胸宽而深，背腰平直，肌肉丰满，后躯发育良好。公母羊无角。被毛白色，密而长，弯曲明显。

3. 品种特性

体格大，成熟早，繁殖率高，产毛量好。成年公羊体重 100-140kg，成年母羊 70-90kg。产肉率高，4-6 月龄羔羊平均日增重 350-400kg，屠宰率 48-50%。公母羊剪毛量分别为 7-10kg 和 4-5kg，毛长 8-10 厘米，毛细 64-68 支。

性早熟，母羔 12 月龄可配种繁殖，常年发情，两年三产，产羔率 150-250%。

十一、波尔山羊

1. 种群分布

波尔山羊原产于南非，是世界公认的最优秀的肉用山羊品种，现已被各国广泛引进。

2. 形态特征

被毛短而密，除头、颈、耳部为棕红色，其余被毛均白色，并在头部有一条白色毛带。耳大下垂。体型发育良好，肌肉丰满，有典型的肉用特征。

3. 品种特性

波尔山羊体型大，成年公、母羊体重可达 90-110 kg、60-75 kg。生长速度快，6月龄公、母羊体重分别达 37.5 kg、30.7 kg。波尔山羊是生产高品质瘦肉的山羊，肉质鲜嫩，适口性好、膻味小、屠宰率高，可达 50%。

波尔山羊抗病能力强，性情温顺，既可舍饲，也可放牧，采食范围广。板皮品质极佳，属上乘皮革原料。

波尔山羊属早熟品种，母羊初情期为 6 月龄，公羊 5-6 月龄即可用于配种。母羊发情期平均为 21 天，妊娠期 147±3.4 天，其产羔率高，大多数产双胎，平均窝产 1.93 只。

4. 增产技术

波尔羊产后 2-3 个月为哺乳期。在产后 2 个月，母乳是羔羊的重要营养物质，尤其是出生后 15-20 天内，几乎是唯一的营养物质，为保证母乳充足，应对母羊全价饲喂。波尔羊羔羊哺乳期一般日增重 200-250 克，每增重 100 克需母乳约 500 克，而生产 500 克乳，需要 0.3kg 风干饲料。到哺乳后期，由于羔羊采食饲料增加，可逐渐减少直至停止对母羊的补料。

哺乳母羊的管理要注意控制精料的用量，产后 1-3 天内，母羊不能喂过多的精料，不能喂冷水。

羔羊断奶前应逐渐减少多汁饲料和精料喂量，波尔羊在哺乳期除青干草自由采食外，每天需补饲多汁饲料 1-2kg，混合精料 0.6-1kg。

为加快波尔羊母羊的繁殖，羔羊出生 15-20 天开始补饲商品乳猪全价料，并逐步喂些青饲料，一般羔羊到 2 月龄左右断乳。

十二、南江黄羊

1. 种群分布

原产于四川省。

2. 形态特征

南江黄羊体型较大，大多数公、母羊有角，头型较大，颈部较粗，背腰平直、后躯丰满、体躯近似圆桶形，四肢粗壮。被毛呈黄褐色，面部多呈黑色，鼻梁两侧有一条浅黄色条纹，从头顶至尾根部沿背有一条宽窄不等的黑色毛，前胸、肩、颈和四肢上段有黑而长的粗毛。

3. 品种特性

成年公羊体重60 kg，成年母羊41 kg。其产肉性能好，早期屠宰利用率高。四季发情，繁殖力高，产羔率为187-219%。

第三章

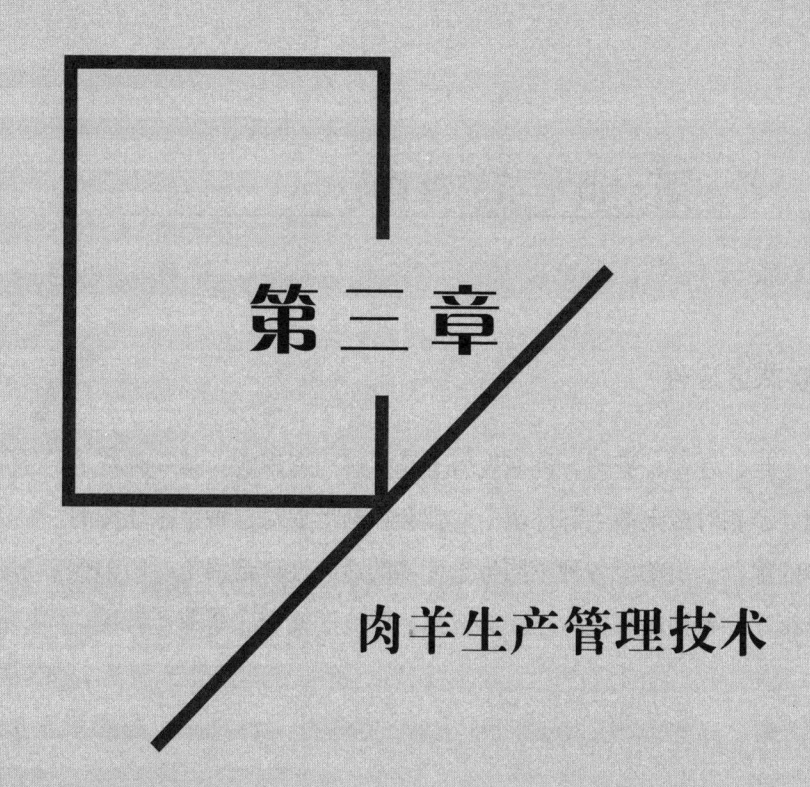

肉羊生产管理技术

第一节 羊的特性

一、羊的生态适应性

绵羊、山羊生长、发育、繁殖、疫病发生等受生态因素影响。某一种群的绵羊、山羊长期处于相对稳定的生态环境中，就会逐渐形成对这种生态环境的适应性。不同种的绵羊、山羊对各种不同生态环境的适应性决定绵羊、山羊整个物种的生态分布。在各种因素中，主要有气温、湿度、光照、季节、海拔、地形、土壤等。

1．气温

在自然生态因素中，气温是对绵羊、山羊影响最大的生态因子。一般来说，高温比低温对羊的繁殖能力影响更大。高温使母羊的发情率、受胎率、产羔率降低，使公羊的性欲下降，精液的数量和质量降低。

2．湿度

高温高湿的环境下，羊体散热更困难，更易引起热应激，有利于微生物和寄生虫的繁殖，容易造成羊的各种疾病，特别是腐蹄病和寄生虫病。

3．光照

光照影响羊的内分泌，特别是性激素的分泌，对羊的繁殖有明显的作用。

4．季节

季节影响是各种自然因素综合对羊作用的结果，特别是北方地区因植物生物量的影响最大，形成夏饱、秋肥、冬瘦、春乏的现象，羊的繁殖、生产等机能也因之而变化。

二、羊的生活习性

1. 绵羊的生活习性

（1）合群性强、饲料范围广。牧草、灌木和农副产品均可作为草料食用。

（2）抗逆性强。当夏秋牧草茂盛，营养丰富时，能在较短时间内迅速增膘，积蓄大量脂肪。而在冬春枯草季节营养缺乏时，再重新化成糖原，供机体维持和繁殖生产之用，因此羊对饥饿的忍受能力较强。

（3）性情温顺，喜干厌湿。绵羊性情温顺，胆小懦弱，突然的惊吓容易发生"炸群"而四处乱跑、乱挤，所以圈门不能太小，以免撞伤。绵羊应在干燥通风的地方采食和卧息，燥热、湿冷的圈舍对绵羊生长发育不利，在夏季炎热的天气放牧，羊常常发生低头拥挤、呼吸急喘、驱赶不散的"扎窝子"现象，细毛羊更为明显。所以，夏季应有遮荫棚，防止曝晒；冬季最好有暖圈，或圈舍避风向阳。高温、高湿的环境下不利于绵羊生存，容易感染各种疾病，生殖能力明显下降。

（4）母子可准确相识。

（5）其它生活习性。绵羊舍饲时，要有足够大的运动场。绵羊有黎明或早晨交配的习性。在繁殖季节，绵羊在中午、傍晚和夜间很少活动，在早晨6：30-8：00期间交配比例最高，下午和黄昏时次之。因此，在采用人工输精时，为获得较高的受胎率，输精时间最好选择在早晨。

2. 山羊的生活习性

（1）活泼好动，喜欢登高。山羊生性好动，大部分时间处于走动状态，尤其是山羊的羔羊，经常有前肢腾空、身体站立、跳跃嬉戏的动作。山羊有很强的登高和跳跃能力，因此，舍饲时应设置宽敞的运动场，圈舍和运动场的墙要有足够的高度。

（2）采食能力强，食物种类广泛，适应性强。山羊的觅食能力极强，能够利用大家畜和绵羊不能利用的牧草，对各种牧草、灌木枝叶、作物秸杆、农副产品及食品加工副产品均可采食，其采食植物的种类多于其它家畜。对环境的适应能力强，山区、绿洲、荒漠等环境下均可生存。

（3）喜欢干燥，厌恶潮湿。炎热潮湿的环境下山羊易感各种疾病，特别是肺炎和寄生虫病，但其对高温、高湿环境适应性明显高于绵羊。

（4）合群性好，喜好清洁。山羊的合群性较好，且喜好清洁，采食前先用鼻子嗅，凡是有异味、污染、沾有粪便或腐败的饲料，或已践踏过的草都不爱吃，因此，在山羊舍饲时，饲草要放在草架上，草架、饲槽设计要合理，要能防止小山羊跳入草架或饲槽中而污染草料，要尽量保持草料清洁，减少饲草的浪费。

（5）性成熟早，繁殖力强。山羊的繁殖力强，主要表现在性成熟早、多胎和多产上。山羊一般在5-6月龄到达性成熟，6-8月龄即可初配，大多数品种羊可产羔2-3只，平均产羔率超过200%。

（6）胆大灵巧，容易调教。

第二节　接产护羔技术

一、分娩前准备

羊的妊娠期为150天左右，根据配种记录计算好预产期。产羔前要准备好产羔羊舍，足够的干草和饲料，足量的褥草和一定数量的母子栏，供暖设施、燃料。还应准备好台称、产科器械、消毒药（如来苏尔、高锰酸钾、氢氧化钠、碘酒、酒精等）、消毒设施（喷雾器、喷壶、汽油喷灯、紫外线灯、雾化器等）、药棉、纱布、工作服及产羔登记表等。

产羔间要严实、保温、干燥、卫生，并经过消毒处理（消毒液消毒、火焰消毒、熏蒸消毒或紫外灯消毒）。冬季要保温，地面上铺有干净的褥草，有条件的羊场可设加温设施，如火墙、火炉、暖气、暖棚等。

二、接产

母羊临产时表现不安，食欲减退，起卧难宁，咩叫，衔草；乳房肿大，乳头直立，能挤出少量初乳。阴门肿胀、潮红，有时流出粘液。排尿次数增加，不断努责。

正常分娩时，羊膜破裂后几分钟至30分钟内羔羊产出。羔羊正生时，先看到羔羊的两个前蹄，随后是嘴和鼻；羔羊倒生时，先看到羔羊的两个后蹄，随后是尾。产双羔时，先产出一羔，可用手在母羊腹下推举，触到光滑的胎儿。产双羔间隔5-30分钟，多至几小时，要注意观察。3小时内胎衣脱出，要拿走。产后7-10天，母羊常有恶露排出。

当羔羊出生后将其嘴、鼻、耳中的粘液掏出。羔羊出生后采用人工断脐带或自行断脐带。人工断脐带是在距脐部10cm处用手拧挤，直到拧断，脐带断后用碘酊棉消毒。

羔羊身上的粘液让母羊舔干，对恋羔性差的母羊可将胎儿粘液涂在母羊嘴上或将麦麸撒在胎儿身上，让其舔食，增加母仔感情。

羔羊分娩后，用剪刀剪去母羊乳房周围的长毛，然后用温消毒水（如高锰酸钾液）洗乳房，擦干，挤出最初的几滴乳汁，帮助羔羊及时吃到初乳。

三、特殊情况处理

1. 难产

羊膜破水后30分钟内羔羊仍未产出时，即可判定为难产，需进行助产。首先要找出难产的原因，如母羊子宫收缩无力、胎儿过大、胎位不正、多羔共同挤入产道，或初产母羊体格小等。助产前用消毒液对母羊外阴、肛门、尾根部消毒（如高锰酸钾液），然后进行助产。

胎儿过大时，应设法扩大阴门，将胎儿的前肢拉出、送进，反复3-4次后，一手拉羔羊前肢一手扶头，随母羊努责用力往外拉，可使胎儿产出。如若不行，即时采取剖腹产手术。

胎位或胎势不正时，如两腿在前，不见头部，头向后靠在背上或转入两腿下部；头在前，未见前肢，前肢弯曲在胸的下部；胎儿倒生，臀部在前，后肢弯曲在臀下。遇见胎位不正的羊，术者首先剪去指甲，用2%的来苏水溶液洗手，涂上油脂。将母羊后躯垫高，待母羊阵缩时将胎儿推回腹腔，中指和食指伸入子宫探明胎位并予以纠正，帮助产出。人工助产失败后，即时采取剖腹产手术。

2. 羔羊假死

此时可将羔羊两后肢倒提悬空，拍打胸部、背部，助心肺复苏；或将羔羊平卧，有节奏地按压胸部两侧助心肺复苏；或用兽用呼吸仪助羔羊心肺复苏。

第三节 羔羊培育技术

羔羊培育是指羔羊断乳前的饲养管理。羔羊生长发育可塑性很大，饲养好坏直接影响体型、体重及生产性能，是羊群面貌能否快速转变的关键。羔羊饲养管理要做好"三早"：一是早吃初乳，哺好常乳；二是早补饲；三是精心管理，早运动。

一、早吃初乳，哺好常乳

羊初乳是指母羊分娩后一周内所产的乳汁，初乳营养成份全，蛋白质、脂肪和钙、镁、磷、铁、维生素A、维生素E、维生素B1、维生素B2、维生素C等营养成分较高。其主要成分是乳蛋白质，具有促进钙质的吸收、补充蛋白质、维生素的作用。羊初乳中含有多量的免疫球蛋白、母源抗体，可提高羔羊的免疫力和抗病力。所以，羔羊出生后7个小时内一定要让羔羊吃上"初乳"，越早越好，以利于羔羊胎便的排出和增强体质、增加免疫机能。

哺好常乳的原因：羔羊生长快（日增重200-300g），平均日增重，公羔＞160g，母羔＞140g，乳是主要营养来源，每增重1kg需奶4.3-5kg。整个泌乳期每个羔羊约需奶80kg，精饲料15kg。

1. 管理技术要点

（1）对初生弱羔、初产母羊或母性不强的母羊，要人工辅助吃乳。对缺奶或无奶的羔羊应为其安排保姆羊，或人工投喂羔羊代乳料。

（2）羔羊出生后几乎每隔2h就要哺乳一次，以后逐渐减少，所以产羔后3-7天，应将母羊和羔羊放在产羔室或产羔栏一起饲养，给羔羊充足的吃奶机会。几天后母仔分栏饲养，可把羔羊圈在羔羊舍内，母羊单独饲喂，定时将羔羊圈打开，让羔羊哺乳。如果是一胎多羔，可按羔羊强弱进行轮流哺乳，先哺乳弱羔。

（3）加强母羊饲养管理，促进泌乳量。

（4）初生羔羊对外界温度变化非常敏感，防寒保暖十分重要，不可忽视。羔羊生后一周内容易发生羔羊痢疾，要搞好防治工作。

（5）绵羊羔羊4-7天内用皮筋断尾。

2. 人工哺乳技术要点

（1）定时：羔羊出生后每2h吃奶1次，20天后4h吃奶1次，每天哺乳时间间隔要均匀。

（2）定量：昼夜哺乳量，公羔不超过体重的25%，母羔不超过体重的20%。

（3）定温：待给羔羊饲喂的乳汁温度控制在38-39℃，不易太高、也不易太低。

（4）定质：保证奶质量。

（5）定人：饲养员相对固定，选择责任心强的饲养员。

二、早补饲

1. 10日龄开始饲喂优质青干草，15日龄开始给料。有条件的场站可从7日龄开始补饲羔羊代乳料。
2. 补饲初期随意采食，适应后每天定时分顿饲喂。
3. 补饲前期注重饲料的适口性，后期注重营养供给。
4. 进行隔栏补饲，要防羔羊跳入补饲槽中污染补饲料，造成浪费。

三、早运动

目的是使羔羊体质强健。母仔在晴暖天气到户外活动。

四、羔羊饲养管理其它注意事项

1. 保证羊舍清洁、温度适宜、地面干燥。
2. 加强保健，预防"三炎一痢"，肺炎、脐带炎、口炎和羔羊痢疾。
3. 防止发生异食癖，异食癖发生多由于运动场偏小、缺盐或矿物质元素引起。
4. 防壮羔偷奶。

第四节 羔羊的断奶及育成操作技术

一、圈舍要求

1. 保温产羔暖圈

向阳、采光、有运动场及采食槽；冬季寒冷季节保持圈舍温度10℃以上，以保证产羔时温度和羔羊的培育，湿度80%以下。

2．暖圈适用面积

每只产羔母羊要求有2.5平米的净面积。

3．凉棚

要求遮荫、避风，以备夏季干热时使用。

4．其它设施

保证有水、电、暖供给设施，场内路面硬化，要有通风换气设施，清粪设施（如小型清粪机），消毒设施，药浴设施，装卸台等。交通要相对便利。

二、草料贮备设施

1．场地

有足够的种羊饲草料存放场地，并建立隔离、消防、防洪设施。

2．库房

有存放种羊精料及草料混合场地的房屋，并干燥通风。

3．饲料调置设施

有青贮窖，草料加工设备（如青贮挖机、粉碎机、搅拌机、裹包机等），自动投料车，雨布、帐篷等。

4．工具

自来水管、小型喷雾器、人力草料车、铁锹、扫把、工作服、消防设施等。

三、羔羊断奶前的管理

羔羊出生后注意哺乳，特别是双羔的哺乳，大部分20日龄以后缺乳，必须补乳、补料。一是加强带羔母羊的营养，二是分出一只羔羊利用其它多乳母羊贴补，三是给羔羊贴补羔羊代乳料。管理时可采用母子分圈，每天哺乳 2-3 次，个别体弱羔羊 3-4 次。

1. 羔羊的早期诱食和补饲是羔羊培育的一项重要工作

初生羔羊的前三个胃不发达，不能反刍，没有消化粗纤维的能力，只能靠母乳。10 日龄后，羔羊即能模仿母羊的行为采食一定的草料，可先用高质量的青干草任羔羊自由采食进行诱食，以促进羔羊胃肠发育。3 天 -5 天后利用食槽补饲配合精料，按 2 次 / 天，日进食精料 20g/ 羔，开始逐步增加到 200g/ 羔（1 月龄 -1.5 月龄）。为使羔羊尽早吃料，可将炒过的精料盛在盆内，让羔羊自己去舔食。一般羔羊到 20-30 日龄后即可正常采食。

母羊缺奶时，可在水中加入奶粉及豆奶粉。比例为：前 3 天按每只羔羊每天饮入 20g 奶粉、豆奶粉为宜；第 4-7 天每只羔羊每天饮入 15g 奶粉、豆奶粉为宜；以后每天递减至 12 天结束奶粉供给。在饮水中奶粉停止供给后，按比例加入多种维生素添加剂。

2. 断奶前过渡期

羔羊 1.5 月龄 -2 月龄时断奶，在羔羊断奶前 10 天为过渡期，过渡期内饲喂配合精料，以日进食 200g/ 羔逐渐增加至日进食 400g/ 羔，以达到平稳增加、缓慢过渡。

配合精料成分：羔羊代乳料 50%、玉米粉 40%、麦麸 10%。另外添加食盐 0.5%，羊用矿物质复合添加剂、多种维生素添加剂等。

粗饲料：以优质青贮玉米和优质苜蓿干草粉为主，按干物质比例 1：1 计，每只羔羊饲喂干草粉 300g/ 天。保证羔羊饲草的质量，防止饲喂发霉变质的饲料。另以多汁饲料补齐日采食量。饲喂时以混合添加，也可在补料间隙在食槽中加入饲草，自由采食。

3. 饮水

有专门的饮水槽，或自动饮水器，自由饮水。

如是地沟式饲料槽,可代做水槽,采食、饮水定时交替进行。

四、羔羊断奶

1. 羔羊应适时断奶

补饲条件好的或者有特殊需要时,可在1.5月龄-2月龄时断奶。羔羊也可以在1月龄时进行早期断奶,但必须供给优质的代乳料。试验表明,绵羊羔在50日龄时断奶较适宜。

2. 断奶方法

有一次性断奶和逐渐断奶法两种方法。一次性断奶是一次将母仔断然分开,将母羊移走,生产中多采用此法。断奶后即可恢复母羊体况,准备下期配种,又可以锻炼羔羊的独立生活能力。逐渐断奶法是通过控制母羊哺乳的次数、母羊补饲精料量逐渐减少母羊产奶量,然后断奶,时间3-7天。也可在饲料中添加中草药（如麦芽、酒曲、谷芽等）来完成断奶。

3. 整体一次性断奶

羔羊达到断奶日龄时（1.5-2月龄）进行断奶,采取母羊出圈,羔羊留圈。留圈羔羊尽量做到环境不变,食槽、饮水设施不变,饲喂时间不变,模仿断奶前的饲养与管理。

表 3-1　羔羊断奶日程表

日龄	初乳	常乳	奶粉	配合精料	苜蓿草粉	玉米青贮
1-3	吃饱,1次/2h					
3-5		吃饱,1次/2h	20g			
4-7		吃饱,1次/2h	15g			
8-9		吃饱,1次/3h	10g			
10		吃饱,1次/3h	10g		诱食	
11-12		吃饱,1次/3h	5g		自由采食	
13-15		1次/4h		诱食20g	自由采食	
16-18		1次/4h		30g	自由采食	

续表

日龄	初乳	常乳	奶粉	配合精料	苜蓿草粉	玉米青贮
19–21		1次/4h		40g	自由采食	添加
22–25		1次/4h		60g	自由采食	自由采食
26–29		1次/4h		100g	自由采食	自由采食
30–33		1次/4h		150g	自由采食	自由采食
34–37		1次/4h		200g	自由采食	自由采食
38–41		1次/4h		300g	自由采食	自由采食
42–45		1次/4h		400g	自由采食	自由采食
46		1次/4h		400g	自由采食	自由采食
47–50		断奶		350g	自由采食	自由采食
51				添加育成羊料	自由采食	自由采食

五、育成羊的培育

育成羊是指断乳后到第一次配种的青年羊。青年羊在育成阶段正是生长发育较快、营养需求旺盛的时期，除保证供给充足的优质饲草外，要适当补饲精料，即由刚断奶时的羔羊料日进食400g/羔逐渐下调，开始添加育成羊精料，根据月龄大小日进食150g/羔–400g/羔，饲料变换过渡期为一周。按照预混饲草料日粮，每天分早、中、晚三次添加。冬季寒冷季节可适当增加喂量，要保证正常的生长发育。日进食干草500g/羊，另以青贮料等补齐日采食量。

1. 配合精料

玉米粉60%，麦麸25%，棉粕或菜籽粕10%，及食盐和矿物质添加剂，维生素添加剂等。

2. 分群

实行羔羊强弱分群，在羔羊4月龄时公母分开，小圈饲养，每圈40-60只为宜，个别体弱羔羊隔离饲养。

3. 饮水

圈舍内设水槽、盐槽，自由饮水，并保持水槽的清洁卫生。每天早晨清扫一次。

4. 饲养环境

干热环境下要求饲喂场地宽敞，有遮阴凉棚。每天清扫圈舍，清除羊粪、尘土，并洒水 3-4 次，保证湿热环境。

尽量避免中午炎热时惊吓、驱赶羊群，让其安静卧地休息。

饲喂抓早、晚两头凉爽时进行。

5. 对饲养人员的要求

工作人员定期体检。身体健康，无重大疾病，无人畜共患传染病（如布鲁菌病、结核病等），责任心强，爱岗敬业，且对羊饲养管理有一定的技能水平，能吃苦、不怕脏、不怕累、工作勤奋。

6. 隔离制度

羊场内严禁饲养其他羊只及禽、犬、猫及其它动物，不得进入不经检疫的活羊及羊肉食品，羊舍与生活区分开，进入须经消毒与登记等程序。

7. 环境及卫生条件

定期清扫圈舍，清除垃圾污物，防止圈舍冬季潮湿，夏季干燥，尘土飞扬。

8. 消毒

定期对羊舍及其周围环境进行消毒。羊圈消毒一般是 2 次/1 周，如果在疫病流行或者在疫病发生时可以 1 次/2 天消毒。

饲养圈消毒选用可带畜禽消毒的消毒药，消毒液喷洒消毒，消毒液可使用双链季铵盐、聚维酮碘、稀戊二醛等成分的消毒药，可直接喷洒在畜禽身体表面，不会造成畜禽中毒，消毒液的配制按说明书使用，一定要注意配比浓度。冬季消毒采用温水稀释消毒药，防止畜禽感冒。

空圈在清扫积粪后可用生石灰或烧碱消毒，也可用火焰消毒。

对于畜禽圈舍外的环境进行消毒时，可以选用强酸、强碱制剂的消毒药进行消毒，如过氧乙酸或者火碱。

六、资料记录

1. 建立档案

种羊以及羔羊全部佩戴耳标，有健全的配种及产羔记录，系谱明确。羔羊有初生重、单双羔、公母羔产出日期及断奶重、断奶日龄等记录；同时在培育期间随时抽样称重记录，掌握生长发育情况。

2. 建立健康卡

建立种羊防疫卡及病羊诊断治疗病理卡和死亡鉴定卡。

3. 信息化建设

将养殖场所有资料、数据录入电脑中，实行网络化、信息化管理。

第五节 成年羊的饲养管理

一、羊只引进和购入

坚持自繁自养的原则，必要购羊时要从非疫区引进羊只，并带有动物检疫合格证明。

羊只在装运过程中没有接触过其他偶蹄动物，运输车辆应彻底清洗消毒。

羊只引入后至少隔离饲养30天，在此期间进行观察、检疫，确认为健康者方可合群饲养。

羊只引入时要及时编号，完善系谱，按性别、年龄、不同生长阶段分圈饲养。

二、羊场的日常饲养管理制度

1．实行六定

即定饲养数量、定饲养标准、定饲喂时间、定饲喂工具、定生产任务、定奖惩办法。

2．做到四净

经常保持圈舍清洁卫生，每天打扫羊舍卫生，保持料槽、水槽用具干净，地面清洁。做到羊体净、圈舍净、环境净、用具净。

3．把好三关

根据羊只不同发育阶段采取不同饲养标准和方式，把好羔羊培育关、配种繁殖关、产羔成活关。饲草配方要有科学性和针对性，满足不同羊只的营养需求。

4．草料管理与饮水

饲草要进行严格的量化管理，有效地控制饲养成本。草料投放要均匀，严禁浪费。确保饲草料质量，常年不喂发霉、变质的饲料、饲草。

经常清理水槽，冬季不饮冰渣水，夏季不饮变质水。

5．防暑、防寒

盛夏防暑降温，严冬御寒保暖。

6．分群

在技术人员的指导下，根据羊只的强弱大小等特点及时进行分群，提高饲养成效。

7. 剪毛、修蹄、运动

定期对成年种公羊、母羊修蹄。坚持种公羊饲养标准和圈外运动，保持优良的精液品质。每年春季给绵羊剪毛一次。

8. 各种记录要完整、可靠

种羊要建档立卡，系谱清楚，做到资料齐全，查询方便。档案卡包括种羊系谱和生产性能记录；引进、购入、配种、产羔、增重、转群记录；饲料来源、配方及各种添加剂使用、饲料消耗记录；免疫接种、疫病防治记录；出场销售记录等。

9. 防止周围其它动物进入场区。

10. 人员管理

羊场工作人员应定期进行健康检查，有人畜共患传染病者不应从事饲养工作。羊场兽医人员不对外诊疗或从事其它动物的疫病防治工作，以免疫病传染。饲养员必须紧密配合有关人员做好羊病防控和饲养管理工作。

11. 驱虫、防疫

选择高效、安全的抗寄生虫药，定期对羊只进行驱虫、药浴。定期对羊只进行必要的疫苗接种，定期对羊舍、环境、用具等消毒。

12. 防病治病

每天观察羊群状态，发现异常及时处理。对可疑病羊应隔离检查、诊治，羊只治疗时，少用西药、多用中药及微生态制剂，更不要使用已淘汰或国家禁用的兽药，尽力做到无抗养殖。

病死羊必须进行无害化处理。有关人员每天要对羊只死亡情况进行核对，报表每月上报一次。

三、种公羊饲养管理操作规程

1．饲喂

精料的配制要严格按照种公羊的饲养标准进行，饲草质量要好，定时定量对种公羊进行饲喂，不得随意变化。冬季供给胡萝卜补充维生素，采精公羊每日在精料中添加 1-2 个鸡蛋。

2．刷试

种公羊每日上午刷试一次，刷试要全面，使羊体干净、洁白、无污垢。

3．运动

种公羊每天上午运动一次，每次 2h，运动时要注意速度，即不要让羊奔跑也要避免边走边吃和速度缓慢，保证运动质量。

4．修蹄

每年春秋各修蹄一次，保证公羊有健康的肢蹄。

5．环境

要保持种羊舍的安静，不得威胁、恐吓、嘻逗甚至欧打种公羊，防止养成恶癖顶撞饲养管理人员。

6．降温

炎热季节要实施降温措施，可用冷水冲洗运动场或羊舍地面，或装上湿帘，用水冲洗睾丸。冲洗羊舍水量要适当，防止圈舍过度潮湿。

7．采精

种公羊采精人员要固定，不可随意换人、换场地，采精器内温度要保持在 40℃，不可忽高忽低。

8. 配种

配种季节前一个月种羊要加强饲养，提高饲料蛋白含量，按体重的1.5%饲喂精料。

四、母羊饲养管理操作规程

1. 饲喂

母羊的精料配制按不同时期（空怀期、怀孕前后期、哺乳前后期）的饲养标准执行。饲喂要定时定量，即每日上午9：00和下午3：00各喂一次，混合饲喂。喂量要按饲养标准规定的量喂给，饲草也要按规定的数量在饲喂时间添加，严禁浪费草料。

2. 繁殖

山羊月龄达到8个月龄，绵羊达到10月龄即可参加配种，以自然发情为准，实行本交或人工输精。

3. 成年母羊管理

（1）空怀母羊管理空怀母羊如果膘性较好，饲草质量好，可不补料或少补料（每天50-100g），能够维持自身营养需要即可。

（2）孕羊管理妊娠前3个月为妊娠前期，要加强管理，防止流产。妊娠后2个月为后期，该期是胎儿迅速生长时期，此期增长了初生体重的90%。这一阶段若营养不足，羔羊初生重小，成活率低，尤其是一胎多羔的情况下，羔羊初生重更小，因此必须加强补饲和管理。对怀单羔的母羊，精料补充要适当，防止母羊过肥、胎儿过大，分娩时出现难产。

母羊怀孕第1个月，是保证胎儿正常生长发育的关键时期，此期因胎儿发育较慢，需要的营养不比空怀期多，应根据母羊的营养状况适当地补喂精料，补饲上与空怀羊相同或略高于空怀母羊。

母羊怀孕第2个月，随着怀孕月份的增加，胎儿发育逐渐加快，应逐渐增加补喂精料的饲喂量，混合精料100-200g，每天分2-3次补喂，青年母羊还应适当地增加精料喂量。

母羊怀孕第 3 个月,孕羊饲喂饲草的总容积要适当地加以控制,给羊补喂饲草和添加精料应做到少喂勤添,以防一次性喂量过多压迫胎儿而影响正常生长发育。混合精料 200-400g,每天分 3-4 次补喂。

母羊怀孕第 4 个月,胎儿体重已达到了羔羊出生时体重的 60%-70%,同时母羊还要积累一定量的营养物质以备产后哺乳。一般在此阶段进行攻胎补料,要喂给优质干草,补精料 400g 以上,每天分 3-4 次补喂,饲喂的饲草和补喂的精料要力求新鲜、多样化,幼嫩的牧草、胡萝卜等青绿多汁饲料可多喂。禁止喂给马铃薯、酒糟和未经去毒处理的棉籽饼或菜籽饼,以及霉烂变质、过冷或过热、酸性过重或掺有麦角、毒草(如疯草、夹竹桃等)的饲料,以免引起母羊流产、难产和发生产后疾病。

(3) 分娩羊管理产前 2-3 天,母羊体质好,乳房胀大并伴有腹下水肿,应从原日粮中减少 1/3-1/2 的饲料喂量,以防母羊分娩初期乳量过多或乳汁过浓而引起母羊乳房炎、回乳和羔羊腹泻;对于比较瘦弱的母羊,如若产前一星期乳房干瘪,除减少粗料喂量外,还应适当增加豆饼、豆浆或豆渣等富含蛋白质的催乳料。

(4) 哺乳期管理哺乳期羔羊的营养主要依靠母乳,应加强母羊补饲,每只羊每日 500g 以上。

哺乳 1.5-2 月后实施羔羊断乳,以利于母羊尽快恢复体质进行配种。

第六节　羊的育肥技术

一、选购羊只

选择年龄为 2 月龄 -5 月龄的公羔或 3 月龄 -7 月龄的母羊,最好为杂交羊。膘情中等，体格稍大，体重在山羊 15-17 kg、绵羊 20-25 kg 以上，健康无病，被毛光顺，上下颌吻合好。

健康羊只的标准为：活动自由，有警觉感，趋槽摇尾，眼角干燥，鼻镜干净，无腹泻，无咳嗽，无跛行，无脱毛，体温正常。

二、进舍后管理

购进当天不饲喂混合料，只供给清水和少量干草。安静休息 8-12h 后，逐只称重记录。按羊只体格、体重和瘦弱等情况相近分组，每组 15-20 只。用虫克星或丙硫苯咪唑驱虫。根据防疫记录，接种三联四防苗、口蹄疫疫苗、小反刍兽疫疫苗等。

三、育肥期饲养管理

1. 第一阶段（第 1-15 天）

第 1-3 天，仅喂青干草，自由采食和饮水。

第 3-7 天，逐步用日粮Ⅰ替代青干草，青干草逐渐变成混合粗料。

第 7-15 天，饲喂日粮Ⅰ，日喂量 2 kg／只，日喂 2 次。自由饮水。

混合粗料组成：铡短（3-5 cm）的青干草、玉米秸，以及棉籽壳，混合而成。

日粮Ⅰ配方：玉米 30%、棉粕 5%、混合粗料 62%、食盐 1%、羊用添加剂 1%、骨粉 1%。

2. 第二阶段（第 15-50 天）

第 13-16 天，逐步由日粮Ⅰ变成日粮Ⅱ。

第 16-50 天，饲喂日粮Ⅱ混合精料，日喂量 0.2 kg／只，日喂 2 次（拌湿）。混合粗料，日喂量 1.5 kg／只，日喂 2 次。先粗后精，自由饮水。

日粮Ⅱ混合精料配方：玉米 65%、麸皮 23%、棉粕 10%、食盐 1%、添加剂 1%，粉碎、混匀。

注意：若喂青绿饲料时，应洗净，晾干（水分要少），日喂量 3 kg / 只 –4 kg / 只。

3. 第三阶段（第 50-60 天）

第 48-52 天，逐步由日粮Ⅱ过渡到日粮Ⅲ。

注意：过渡期内主要是混合精料配方的变换；精饲料、混合粗料或青绿饲料正常饲喂即可。

第 52-60 天，饲喂日粮Ⅲ混合精料，日喂量 0.25 kg / 只。粗料不变。

日粮Ⅲ混合精料配方：玉米 91%、麸皮 5%、骨粉 2%、食盐 1%、添加剂 1%。

注意：粗料采食量因精料喂量增加而减少。

夏季饮水应清洁，供给不间断；冬季饮水应温和为宜，3 次 / 日。

4. 出栏

普通山羊在 22 kg 以上，杂交山羊在 30 kg 以上，绵羊 40 kg 以上时，应及时出栏上市。

注意：当育肥羊体重达到目标体重时，若羊只膘情良好也可出栏；若膘情稍差，可延长 5-10 天出栏；若膘情特别差，应淘汰。

第七节　草料供应与处理

一、饲料分类

1. 植物性饲料

植物性饲料包括精饲料、青饲料和粗饲料三大类。

精饲料包括谷实类、饼粕类、糠麸类及薯类等。其特点是体积小，粗纤维含量少,能量和蛋白质含量高,可消化养分多。

青饲料是指青绿状态的叶菜类、根茎类、水生类、牧草类、作物秸秆和灌木的细枝嫩叶,其特点是来源广、成本低、加工简单、营养全面。

粗饲料是指在饲料中天然水分含量在60%以下,干物质中粗纤维含量等于或高于18%,并以风干物形式饲喂的饲料。如牧草、农作物秸秆、酒糟、棉籽壳、树叶等。其特点是粗纤维含量高、体积大、来源广、产量大、可利用养分少等特点。

2. 动物性饲料

动物性饲料指各种昆虫、鱼虾等活的饲料,以及肉类和鱼粉、蚕蛹粉、蝇蛆粉、奶粉等。常用的昆虫有皮虫、各种蝗虫类昆虫(如飞蝗、稻蝗、竹蝗、蔗蝗和棉蝗)、体形似蝗虫的蠢斯(蚌锰)、孟蟹、螟蛾幼虫、玉米螟、蛔蛔、蟋蟀、油葫芦、蛾蛄、蝉、蜘蛛等营养丰富的鲜活饵料。具有营养价值高,蛋白质和必需氨基酸含量丰富,细菌含量较高,不宜久存的特点。

3. 矿物质饲料

常用矿物质饲料包括食盐、石粉、贝壳粉、磷酸氢钙、骨粉等;其中常用的含钙饲料主要有石粉、贝壳粉、蛋壳粉等,尚有富含钙、磷的骨粉及磷酸钙等;常用的磷源饲料有20余种,主要有磷酸钙类、磷酸钠类、磷酸钾类、骨粉等。近年来还有许多具有多种用途的天然物质被用作矿物质饲料。生产中用得较多的有沸石、麦饭石、海泡石、凹凸棒石、膨润土等。具有来源广、价格低、保存方便等特点。

二、饲料营养

1. 各类牧草的营养特性

豆科牧草所含的营养物质丰富、全面,干物质中粗蛋白占12%-20%,含各种必需氨基酸,钙、磷、胡萝卜素和其它维生素都较丰富,而且适口性好、容易消化。豆科牧草主要有苜蓿草、草木樨、沙打旺、红豆草等。

禾本科牧草分布广，所占牧草比例大，但营养物质低于豆科牧草，粗蛋白含量较低，纤维含量高。禾本科牧草主要有黑麦草、无芒雀麦、羊草、披碱草、象草等。

2. 秸秆类饲料的营养特性

秸秆类饲料主要有玉米秸、稻草、麦秸、各类豆秸等。具有来源广、粗纤维含量高，粗蛋白含量低、维生素缺乏，不易消化等特点。

3. 精饲料的营养特性

精饲料营养价值高，碳水化合物、粗蛋白、脂肪含量高，钙、磷含量适中，适口性好，是羊主要的饲料用料。主要包括玉米、高粱、大麦、糠麸、豆粕、棉籽粕、菜籽粕、花生粕等。

4. 矿物质饲料的营养特性

矿物质饲料常用于保持生理平衡、维持体液正常渗透压、提高适口性、增强食欲、调味等作用。有食盐、石粉、骨粉、膨润土、磷酸氢二钠等。

动物必需微量矿物元素主要有9种，它们是铁、铜、锌、锰、钴、碘、硒、钼、氟，其中7种在动物营养中的作用较大，我国当前生产和使用微量元素添加剂的主要品种大部分为硫酸盐、碳酸盐。

三、饲料加工

饲料经过加工，可改变饲料的体积、柔软度、适口性、营养价值，更便于长久保存、运输和饲料的配合利用。

1. 干草的晒制方法

（1）原地平晒干燥法：在牧草生长的适宜时期，人工刈割后将牧草薄薄地平摊在草地上进行曝晒，根据天气和牧草含水量，适当翻晒以加速水分的蒸发。当水分降到50%时，就可把青草集成高1米的小堆进行自然风干。原地平晒干燥法优点是干燥迅速，营养物质损失少。

（2）阴干法：牧草在刈割后稍稍在原地晒制，估计水份降到70%时，就可把草放在草棚下进行阴干。这样晒制的干草营养成份损失较少，干草呈青绿色，但需要较大的干草棚。

（3）秸秆、干草的饲喂加工：一是将干草铡短饲喂，二是粉碎饲喂，三是捆成草把吊在羊舍或运动场饲喂。其中最经济的饲喂方法是将干草粉碎后与精料搅拌一起饲喂，这种饲喂方式可获得草的较高利用率，减少饲草的浪费。

2. 青贮饲料的制作

（1）制作青贮饲料的意义：提高饲草的利用价值，扩大饲料来源，调整饲草供应时期，防治病虫害。是一种经济实惠的保存青绿饲料的方法。

（2）青贮饲料的原料及要求：用于青贮饲料的原料很多，如各种青绿状态的饲料草、作物秸秆、作物茎蔓等。最常用的青贮料是玉米秸秆和专用于青贮的玉米全株。对青贮原料的要求主要是原料要青绿或处于半干的状态，含水量在65%-75%，不低于55%，无污染。

（3）青贮饲料的方式：青贮饲料的方式可按青贮容器的不同分为青贮塔青贮、青贮窖青贮、塑料袋青贮、裹包青贮等。

（4）青贮饲料的制作方法：

原料的准备：一是要适时刈割，收割过晚的秸秆粗纤维增加、维生素和水分减少，营养价值也降低。二是收割、运输要快，原料的堆放要到位，保证满足青贮的需要，不要造成误工。

切碎：羊的青饲料切碎的长度为1-2cm，切碎前一定要把异物、饲料的根、带土的饲料、霉败的饲料去掉，将原料清理干净。

装窖：装窖和切碎同时进行，边切边装。装窖注意三点，一是原料的水分含量。适宜水分含量应为65%-75%左右，水分不足应加水；二是注意饲料的踩压。在大型青贮饲料制作时，有条件的使用链轨车、铲车等机动车辆碾压，没有条件时组织人力踩压。要一层一层的踩实，每层的厚度30cm左右，特别是窖的四周一定要多踩几遍；三是装窖速度要快，最好是当天装满、踩实、封窖。装窖时间过长时，窖易造成好氧菌活动，时间延长，饲料容易腐败。

封窖：当窖装满高出地面 50-100cm 时，在充足踩压后，把窖四周用的塑料膜拉起来盖在露出在地面的饲料上，用塑料薄膜封顶和四周，然后压上 50cm 的土层，拍平表面，或用废旧车轮压在封顶膜上，或用草捆压在封顶膜上。在窖四周挖好排水沟，对窖顶经常检查，保证窖内的无氧状态。

开窖饲喂：青贮 60 天后，饲料发酵成熟，质量好的青贮饲料，应有苹果酸味或酒精味，颜色为暗绿色，表面无粘液，pH 在 4 以下。开窖后饲喂要注意以下几点：一是发现有霉变的饲料要扔掉；二是开窖的面积不要过大，防止饲料变质；三是取用时不要松动深层的饲料，以防空气进入；四是饲喂量要由少到多，使羊逐渐适应。

四、饲料配方参考（以 100kg 为例）

种公羊饲料配方：玉米 52kg、豆饼 25kg、鱼粉 4kg、麸皮 15kg、骨粉 2kg、食盐 1kg、矿物质及维生素类 1kg。

种母羊饲料配方：玉米 59kg、豆饼 15kg、麸皮 24kg、食盐 1kg、矿物质及维生素 1kg。

羔羊饲料配方：玉米面 66kg、豆饼 10kg、麸皮 20kg 斤、骨粉 2kg、食盐 1kg、多维 1kg。

第四章

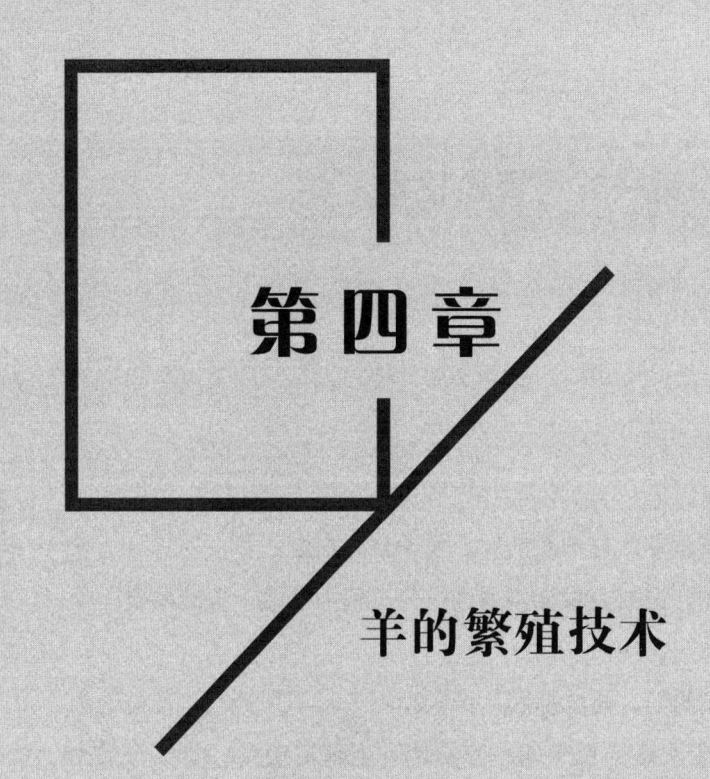

羊的繁殖技术

第一节 繁殖技术

一、繁殖方法

1. 自由交配

即平常公、母羊混群饲养，母羊发情后，公羊自由交配。

优点是省人工省资源，只要公母比例适当，公羊精力旺盛，精液品质，受胎率也相当高。

缺点是公羊追撵发情母羊，影响抓膘；产羔期不一，不便管理；难免近亲繁殖，造成近交衰退；无法确知预产期；容易传染生殖道疾病；羊群谱系比较乱。

为克服上述缺点的办法是在非配种期将公羊分开饲养，在配种期有计划地给各群母羊安排、调换公羊。一只公羊在一个群中用3年即调换。

2. 人工辅助交配

能使发情母羊有计划地与公羊交配。该法有利于提高公羊利用率，合理的选种选配，并能确定预产期。

其做法是将公母羊分开饲养，当母羊发情时，为母羊选择适宜的公羊进行交配。采用此法，要及时而准确地掌握母羊的发情期，尽可能的用试情公羊进行试情，以保证不失配种时机。

上述2种配种方法，1只公羊1天只能配几只母羊，1个配种季节只能配100只左右母羊。为保证高的受胎率，应多养公羊，但在非繁殖季节又增加了饲养成本。

3. 人工授精

是利用人工授精器械采取公羊的精液，经过品质检查、活力测定、稀释等处理，然后再输到发情母羊的生殖器官使其受孕的先进配种技术。

人工授精可以提高优良种公羊的利用率，公羊采精1次可配10-15只母羊，一个繁殖季节可配300-500只母羊。由于配种公母羊不直接接触，可避免某些疾病的传染。

4. 胚胎移植

又称受精卵移植，是指将母羊体内的早期胚胎，或者通过体外受精及其他方式得到的胚胎，移植到其它生理状况相同的羊体内，使之继续发育为新个体的技术。胚胎移植可以充分发挥一般母羊的繁殖能力，大大缩短优良母羊本身的繁殖周期，增加优良母羊一生繁殖后代的数量。

二、提高繁殖率方法

1. 加强种羊营养

配种妊娠后，要提高母羊产多羔的机率，要保证体质健壮胎儿发育良好、产后母羊奶水充足、羔羊出生重大、羔羊成活率高，必须喂给充足的混合精料。精饲料中必须含有足量的蛋白质、能量、维生素、微量元素和其他矿物质，并保证充足清洁的饮水。

种公羊在非配种期要求每只日喂混合粗料0.5kg-0.6kg，配种期每只日喂混合精料0.8kg-1.0kg、粗饲料1.7kg-1.8kg。

母羊每日喂混合精料0.3kg-0.4kg，妊娠母羊随妊娠天数的增加，还应逐渐增加精料给量（尤其是后期）。

青绿饲料对种羊尤其重要，因为青绿饲料可以弥补精粗饲料中营养不足的缺陷、对提高公羊的精子密度和活力，促进母羊体内卵子的发育、成熟和多排卵、增加产多羔的机率、促进妊娠母羊体内胎儿的发育和成长，保证产出羔羊初生重大，成活率高都具有重要作用。

2. 选择多羔公羊、母羊留种，提高羊群中青壮年母羊的比例

双羔或多羔具有遗传性，在选留种公羊、母羊时，其父母代羊最好是一胎双羔以上的后备羊群中所选出的。这些具有良好遗传基础的公羊、母羊留作种用，能在饲养中充分发挥其遗传潜能，提高母羊一胎多羔的几率。

羊群中幼龄初配母羊和老、弱羊繁殖力均不如壮年母羊。母羊一生中以3-4岁时繁殖率最强，繁殖年限一般为8年。因此，为提高羊群的整体水平，合理调整羊群结构，有计划地补充青年母羊，适当增加3-4岁母羊在羊群中的比例，及时发现并淘汰老、弱或繁殖力低下的母羊，在此基础上，就能达到提高羊群整体繁殖率的目的。

3. 实行两次配种

羊发情时实行双重配种或两次配种输精，可以提高母羊的受胎率，增加产双羔的几率。由于母羊发情时间短（一般30个小时左右），排出的卵子生存时间也较短，而且有的母羊卵子成熟时间不一致，因此对母羊进行一次性交配或输精，其受胎的机率较低，且难以使较多的卵子参与受精。采用两次配种方法，可使母羊生殖道内经常保持具有受精能力的精子存在，增加受精机会。

生产上常采用的方法是：一般是早晨发情晚上配，晚上发情第二日上午配，第二次配种在间隔12h后进行。配种后继续观察母羊是否发情。

4. 注射药物或激素，诱导母羊产多羔

用一种能促进卵巢滤泡成熟和多排卵的药物，以一定剂量注射到母羊体内，通过激素调节，强化母羊性机能活动，促进母羊卵子的发育和成熟，从而排出较多卵子参与受精，达到一胎多羔的目的。实验表明，注射孕马血清或注射双羔素、双胎素，对诱导母羊产多羔都有一定的效果。

5. 羔羊早期断奶

为了恢复母羊体况和锻炼羔羊独立生活的能力，当羔羊生长发育到一定程度时，必须断奶。断奶时间要根据羔羊的月龄、体重、补饲条件和生产需要等因素综合考虑。传统的羔羊断奶时间为3-4月龄左右。断奶方法多采用一次

性断开，以后母子互不见面。

具体方法：移走母羊，让羔羊留在原圈，以尽量给羔羊保持原来的环境。在断奶羔羊群中放入几只大羊，以引导羔羊吃草、吃料。适当加大母子间放牧以及羊舍距离，以防相互鸣叫产生影响。一般经4-5天，羔羊就能安心吃草。

断奶后的羔羊应立即按品种、性别及发育状况分群，由此转入育成羊。断奶后，对少数乳汁分泌过多的母羊要实行人工排乳，以防引起乳房炎。

早期断奶的两种方案

（1）羔羊生后一周断奶羔羊断奶后用代乳品进行人工育羔。将代乳品加水4倍稀释，日喂4次，至羔羊体重达5kg时断奶；断奶后再喂给含蛋白质8%的颗粒饲料，干草或青草食量不限。代乳品应根据羊奶的成分进行配制。目前通用的生后一周代乳品配方为脂肪30%-32%，乳蛋白22%-24%，乳糖22%-25%，纤维素1%，矿物质5%-10%，维生素和抗生素5%。

羔羊生后一周断奶除用代乳品进行人工育羔外，必须有良好的舍饲条件，但是由于要求条件高，羔羊死亡率也比较高，这种方法目前在我国很难推广应用。

（2）羔羊生后40天断奶羔羊断奶后可完全饲喂草料和放牧。以优质青贮玉米和优质苜蓿干草粉为主，按干物质比例1：1计，每只羔羊饲喂干草粉300g/天。适量添加配合精料、食盐、羊用矿物质复合添加剂、多种维生素添加剂等。

三、发情鉴定

发情征兆：通常发情母羊精神兴奋，情绪不安，大声鸣叫，爬墙、抵门、摇尾，食欲减退，采食减少。喜欢接近公羊，并接受公羊的爬跨。公羊常吻嗅发情母羊的阴部和母羊撒在地上的尿。外阴红肿有粘液流出，阴门、尾根粘附着分泌物。用开膣器打开阴道，可见大量白色粘液，子宫颈口粉红色，呈开张状。

如果母羊发情症状不明显，特别是处女羊，必须注意观察，最好是用公羊试情，以便及时发现发情母羊。

对适龄未怀孕母羊每天早晚可用公羊试情。当母羊接受试情公羊爬跨，站立不动，或母羊围着公羊旋转，并不断摇尾，都是母羊发情的表现，及时把它抓出、配种，一次试情一次配种。在用公羊试情时，按母羊3%配备，公羊应体质健壮、性欲旺盛。

为防止偷配，应对公羊进行处理：（1）给试情公羊系带试情布。用40 cm*35 cm白布1块，四角系带，捆挂在试情公羊腹下。（2）手术方式使试情公羊阴茎移位或输精管结扎，使其只能爬跨，不能交配。试情公羊要每10d-15排精一次，试情布要保持清洁柔软。

第二节　同期发情技术

绵羊同期发情（synchronization of estrus）是利用某些外源激素人为地控制并调整一群母羊发情周期的过程。

其药物机理：一是对群体母羊同时使用某种激素，抑制卵巢上卵泡的生长发育，经过一定的时间后停药，使卵巢机能恢复正常，引起同期发情。其实质是延长了发情周期，推迟了发情期。二是使用性质完全不同的另一种激素，抑制黄体，加速其消退，缩短黄体期，为卵泡期提前到来创造条件。黄体退化将导致母畜发情。其实质是缩短了发情周期，使发情期提前到来。

主要方法有：PG（前列腺素）二次注射法、CIDR（孕酮阴道栓）+PG（前列腺素）法、MAP（甲羟孕酮）法。

通常使用PRID（氟孕酮阴道海棉栓）或CIDR（孕酮阴道栓）埋植，被认为是控制母羊同期发情最可靠、最准确的方法，平均同期发情率可达95%左右。

一、孕激素阴道栓 +PMSG（孕马血清促性腺激素）法

1. 用于同期发情处理的母羊

用未怀孕的母羊，如 8 月龄以上的后备母羊，或断奶后未配种的母羊，或分娩后 40 天以上的哺乳母羊。母羊体重为 40kg-60kg，提前 7d 单独组群补饲。

2. 用具

羊用棉栓（每只羊 1 支）、润滑剂、消毒剂（0.1% 高锰酸钾，或 1：4 稀释的新洁尔灭溶液）、放栓器、止血钳、消毒纸巾、一次性 PE 手套、垃圾桶等。

3. 放栓

在生产母羊发情周期的任意一天，将母羊用围栏集中到一起以方便抓羊，将母羊逐只放入保定架内保定，用 1：4 的新洁尔灭溶液或 0.1% 高锰酸钾液喷洒外阴部，用消毒纸巾擦净后，再用一张新的纸巾将阴门裂内擦净。

操作者戴一次性 PE 手套，从包装中取出阴道栓，装在放栓器上，涂上足量的润滑剂。若是带导管的阴道栓，不用放栓器，可直接在导管前端涂上足量的润滑剂；分开阴门，将放栓器或导管前端插入阴门至阴道深部，然后将推杆向前推，使棉栓留于阴道内，取出放栓器或导管，棉栓拉线露在阴门外。次日逐只检查是否脱栓，对脱栓者进行补放栓。

栓应尽量放深一些，以免脱栓，以拉线露出阴门外 3cm-4cm 为宜。为了确保不脱栓，建议用止血钳夹住推杆后端，这样在推动时，能很好地控制深度。

第 10d（山羊第 12d）肌肉注射 PMSG 400IU+PG 1mL。

4. 取栓

第 11d（山羊第 13d）取栓。拉住羊栓外露拉线，缓慢用力撤出羊栓。

1-3d后母羊集中发情。公羊按1∶5比例放入母羊群，直至第2个情期配种结束。

5. 公羊的处理

选择个体大、膘情好的优质公羊（公母比为1∶5），在预计配种前3天开始每日肌注丙酸睾丸酮50mg/只，连续注射6d，并且隔日肌注PMSG 330IU，共3次，1000IU/只。

第三节　人工授精技术

人工授精（artificial insemination，AI）就是利用器械采集公畜的精液，再利用器械把经过检查和处理的精液输送到母畜生殖道的适当部位，使之妊娠，以此来代替公母畜自然交配的一种科学配种方法。

一、人工授精的意义

1. 人工授精能充分发挥优良种公畜的种用价值和配种效能。

2. 提高母畜的受胎率。人工授精使用经严格处理的优质精液，每次输精的时间经过科学的判断，输精部位准确，故受胎率高。

3. 由于公羊、母羊不直接接触，可防止疾病传播，特别是生殖道传染病的传播。

4. 能克服杂交改良时由于公羊、母羊体重差异悬殊造成的配种困难。

5. 采取冷冻精液技术，使人工授精可以不受国家和地区的限制，同时也加快了育种工作步伐。

6. 降低饲养管理费用。由于每头种公羊可配的母羊数增多，相应减少了饲养公羊的头数，降低了饲养管理费用。

7. 是推广繁殖新技术的一项基础措施。如家畜繁殖控制技术、胚胎移植、同期发情、性控技术等都需要借助人工授精技术。

二、精液品质检查

目的是鉴定精液品质的优劣，以便确定配种负荷；反映公畜的饲养管理水平和种用价值；检验精液稀释、保存和运输效果。检查精液品质时，要对精液进行编号，将采得的精液迅速置于30℃的温水中，检查要迅速、准确，取样有代表性。精子对温度的改变非常敏感，保存精液时要注意温度的骤变，以免影响成活率。稀释后的精液降到保存的温度要1小时以上。无论升温或降温，每半小时温度变化5℃。

1. 精子活率检查

精子活率是指精液中作直线前进运动的精子占精子总数的百分比，也有人称为"活力"。精子活率是精液品质评定的重要指标之一，在采精后、稀释前后、保存和运输前后、输精前都要进行检查。

检查方法：检查精子活力需借助显微镜，放大200-400倍，把精液样品放在镜前观察。显微镜应设置恒温载物台，保持37℃效果最好，降温会影响精子的活力。显微镜最好选用生物电视显微镜来观测和评定，这套系统主要由显微系统、加热系统、摄影及显示系统三大部分组成。

平板压片：取一滴精液于载玻片上，盖上盖玻片，放在镜下观察。此法简单、操作方便，但精液易干燥，检查应从速。

悬滴法：取一滴精液于盖玻片上，迅速翻转使精液形成悬滴，置于有凹玻片的凹窝内，即制成悬滴玻片。此法精液较厚，检查结果可能偏高。

2. 评定

评定精子活力多采用"十级一分制"，如果精液中有80%的精子作直线运动，精子活力主计为0.8；如有50%的精子作直线前进运动，活力计为0.5，以此类推。评定精子活力的准确度与经验有关，具有主观性，检查时要多看几个视野，取平均值。

3. 精子的密度检查

精子密度是指单位体积（1mL）精液内所含有精子的数目。精子密度大，稀释倍数高，进而可增加配种母羊数，也是评定精液品质的重要指标。

估测法：通常结合精子活力检查来进行，根据显微镜下精子的密集程度，把精子的密度大至分为稠密、中等、稀薄三个等级，这种方法能大至估计精子的密度，主观性强，误差较大。

血细胞计数法：用血细胞计数法定期对公畜的精液进行检查，可较准确地测定精子密度。

光电比色法：目前世界各国普遍应用于牛、羊的精子密度测定。此法快速、准确、操作简便。其原理是根据精液透光性，精子密度越大，透光性就越差。事先将原精液稀释成不同倍数，用血细胞计数法计算精子密度，从而制成精液密度标准管，然后用光电比色计测定其透光度，根据透光度求每相差1%透光度的级差精子数，编制成精子密度对照表备用。测定精液样品时，将精液稀释80-100倍，用光电比色计测定其透光值，查表即可得知精子密度。

三、冻精解冻

冻精解冻是验证精液冷冻效果的一必要环节，也是输精前的必须准备工作。方法有低温冰水（0-5℃）解冻、温水（30-40℃）解冻和高温（50-70℃）解冻等。实践证明，温水解冻法特别是38-40℃解冻效果最好。

细管冻精、安瓿冻精在解冻时可直接投放在温水中，待冻精一半融化即可取出备用。

颗粒冻精解冻时需预先准备解冻液。解冻时取一小试管，加入1mL解冻液，放在盛有温水的烧杯中，当与水温相同时，取一粒冻精于小试管内，轻轻摇晃使冻精融化。

解冻后进行镜检并观察精子活力，活力在0.3以上才能用于输精。

四、人工授精操作规程

1. 器械消毒

（1）配种前一天必须对输精器、试管、温度计、镊子、开膣器，按肥皂水→清水→清水→清水的顺序认真洗涤，以达到清除油垢又不留碱性余液为目的，洗涤的器械置于干净的方盘内，上用清洁纱布盖好，备用。

（2）配种当日要对输精器、试管、纱布等器械用水煮沸消毒15min，用前须用解冻液（或生理盐水）反复冲洗，防止水分混入精液。

（3）输精器或输精枪用生理盐水反复冲洗，再用解冻液冲1-2次，用浸有解冻液或生理盐水的棉球擦净输精器械，备用。

2. 输精要点

（1）母羊保定法。

一是配种栏法：配种栏长1m-2m、高70cm-80cm，保定人用腿夹住羊头颈部，用手提母羊后腿搭在配种栏上，腹面向地面，左手按住臀部，右手掀起羊尾，待配。

二是徒手保定法：保定人将母羊头夹紧在两腿之间，两手抓住母羊后腿，将其提到腹部，保定好不让羊动，母羊成倒立状，待配。

（2）清洗消毒，主要是擦净母羊外阴部污物，准备三个脸盆，均倒入一半清水，其中一盆加少许食盐，配成等渗盐水（0.9%NaCL），一盆加10mL来苏水，一盆清水。操作时将开膣器先放在来苏水中浸一下，再在清水盆中洗净，最后用等渗盐水刷洗。用一块干净的湿布擦净母羊外阴部。

（3）操作。配种员用右手持开膣器打开阴道，左手拿吸有精液的输精器，找准子宫颈口后迅速插入，深度1.0cm-1.5cm，缓慢注入，对初产或个体小的母羊可用阴道输精法，即用食、中指分开羊阴门、将输精器插入阴道底部输精。

（4）注意事项。

一是正确使用开膣器。插入开膣器时前端要稍上挑，开膣器不要硬插，随着母羊阴道努责插入，插入后打开开膣器，查找子宫颈口进行人工授精。

二是输精后先抽出输精器，在抽出开膣器。开膣器不能在阴道内合上，以免夹伤阴道粘膜出现炎症。

三是要"等温操作"。冬春气温很低，室内外温差大，凡是接触精液的器械都需要预热、保温，防止精子冷休克。冰凉的开膣器常引起配种母羊阴道痉挛，器具使用前须用等温生理盐水或稀释液冲洗一次。

3．鲜精人工授精技术

鲜精输精是现场采集公羊精液，经处理后直接输给母羊的方法。特点是配种受胎率高。根据稀释倍数可分为小倍稀释法和大倍稀释法。稀释倍数取决于发情母羊的数量，最大稀释倍数可达到30-35倍，可对150至200只以上发情母羊输精。

常用稀释液有生理盐水、0.9%柠檬酸钠解冻液、鲜牛奶或鲜羊奶。

鲜奶稀释液：将乳汁（牛奶或羊奶）用4层纱布过滤在容器中，然后煮沸消毒10-15min，取出冷却，除去乳皮即可，稀释应在室温下进行。绵羊和山羊的精液通常可作2-4倍稀释，以供输精之用。

稀释10倍以内，采用一次稀释法，10倍以上稀释，则采用多次稀释法，即分几次将稀释液缓缓放入精液中稀释。

早晨采得精液稀释处理后放在3-5℃的冰箱保鲜室或放入深井中可保存到下午再用，节约精液，提高配种效率。

4．提高羊受胎率的措施

（1）冻精质量。

冻精质量好坏是提高受胎率的关键因素之一，特别是精子解冻后活力。镜检时精子活力必须在0.35以上，畸形率小于14%方可使用。在购进冻精和临输精时必须进行镜检，符合要求方可使用。

所谓精子活力就是镜检时呈直线前进的精子数占总精子的百分比，也称精子活率。

（2）配种技术。

①正确使用冻精。使用冻精要求"三快"：即从液氮罐里取出冻精要快，要求5-10s；冻精取出后要及时解冻；解冻后要及时输精。常见的冻精有颗粒冻精和细管冻精，输精时一定要将精液全部输入子宫颈内，防止输精不完全。

②正确使用配种器械。配种器械使用时必须消毒好冲洗好，操作一定要小心谨慎，以免引起生殖器官炎症，造成不孕。

③适时输精。为提高受胎率，不管是哪种人工授精方式，都采用复配的方式，即在第一次配种8-12h后再配种一次。

羊表现发情症状后12-24h后输精最佳，间隔8-12h再次配种。在实践中第一次输精可采用早晨发情，晚上配种；晚上发情，次日晨配种，间隔8-12h再次配种。

④输精部位要准确。寻找羊子宫颈口很关键，经常有配种人员因找不到子宫颈口而把精液输到阴道内，或输精的深度不够，甚至输到尿道口内，从而造成受胎率不高。因此输精时要仔细寻找子宫颈口，用输精器头部拨开子宫颈口缓慢地插入1-2cm处，输精。

⑤输完精后，把母羊臀部提高并保持几分钟，防止精液倒流出子宫，也可输完精后在山羊的外阴部轻拍一下，以刺激羊肌肉收缩，使精液快速流入子宫深部。

⑥输精剂量。细管冻精和颗粒冻精每次1支（粒），颗粒冻精解冻液每次放入0.1mL，稀释量不可过大。对新鲜原精液，通常应输入0.05-0.1mL，稀释液（2-3倍）应为0.1-0.3mL。

5. 做好配种记录

先给羊打耳号或标记。要注明配种日期，与配公羊号，预产日期等，便于掌握产羔日期，提高羔羊成活率。

第四节 胚胎移植技术

动物胚胎移植技术采用借腹怀胎的方法,可以极大地增加优秀母畜的后代数。

一、概述

动物胚胎移植(embryo transfer,ET)是将一头优秀母畜配种后的早期胚胎用手术或非手术的方法冲洗出来,在显微镜下检出后,移植到另一头同种并且生理状态相同的母畜体内,使之继续妊娠发育为新个体的技术,所以也称为借腹怀胎。提供胚胎的个体为供体(donor),接受胚胎的个体为受体(recipient)。为了使供体母畜多排卵,通常要用促性腺激素处理,促使几个、十几个甚至更多的卵泡发育并排卵,这个处理过程称为超数排卵。因此国外将常规的胚胎移植常称为 MOET(multiple ovulation and embryo transfer),即超数排卵胚胎移植或称为多排卵胚胎移植。目前科学技术的发展,用体外生产胚胎(in vitro production,IVP)技术或克隆(cloning)技术等方法也可生产胚胎,扩大了优质胚胎的来源,降低了胚胎移植的成本。

动物胚胎移植的技术操作程序包括有:供体母畜的选择和超数排卵处理;受体母畜的选择和同期发情处理;胚胎的采集和检查;胚胎的(冷冻)保存和培养;胚胎移植;受体母畜的妊娠诊断、饲养管理等。这项技术环节多,时间性强,对技术操作和组织工作要求高。

二、动物胚胎移植的原理

动物胚胎从一头母畜的子宫移入另一头母畜的子宫内后可以正常受胎产仔是因为:

1．母畜发情后数日甚至 10 余日内，生殖系统的变化相同，即在相同的时期，生理状态一致，子宫的内环境相同。

2．早期胚胎处于游离状态，而且有透明带的保护，可以机械的移位而不受损害。即使少部分胚胎细胞遭受损害，此时胚胎细胞还未分化，具有全能性，采卵和移植操作不会影响胚胎的发育。

3．移植后不存在免疫排斥。由于有胎盘屏障的保护和妊娠时母体免疫机能发生的变化，胚胎可以在受体母畜子宫内存活，正常发育至分娩。

4．胚胎的遗传特性和性别在供体母畜体内受精时就已决定了，受体母畜只是给移入的胚胎提供了一个孕育的环境，胚胎的遗传特性不受受体母畜的影响。

三、胚胎移植操作的原则

1．胚胎在移植前后所处的环境相同。这就要求供体和受体通常在分类学上种属相同、发情时间一致、生理上同期，移植的部位也应与取卵时胚胎所在的解剖部位一致。

2．技术操作受胚胎发育期、胚胎运行到子宫的时间和黄体寿命的限制。

3．在全部操作过程中，胚胎的质量不能受到致命的影响。在操作胚胎的过程中，要控制好胚胎所接触环境的物理和化学影响因素。

四、胚胎移植的用途

人工授精技术极大地提高了优秀种公畜的利用率，胚胎移植技术能极大地增加优秀母畜的后代数，充分挖掘母畜的遗传和繁殖潜力。胚胎移植技术在畜牧业生产与科研中主要可用于如下几个方面：

1．用于种畜生产

利用地方品种母畜生产进口纯种畜和优秀个体的后代，在家畜的纯繁扩群和本品种选育中都可使用。

2. 用于育种改良计划，加速遗传进展

在单胎动物的育种中使用胚胎移植技术，可缩短选择种畜的年限，缩短家畜的世代间隔，加速了品种改良。例如，可将纯种羊的胚胎移植给一般羊受体，用一般羊产优质纯种羊等品种，一代即可换种，可将15-20年的改良周期变为一年，大幅度地提高了动物改良的效率，增加了纯种动物的群体数量。

3. 移植产双胎，提高生产效率

4. 用胚胎进出口取代活畜的引进和出口，经济、方便、安全

用胚胎移植技术引进动物资源与进口活畜和精液相比较具有独特的优点。直接进口活畜繁殖快，但是价格昂贵，家畜易患病，有引进国外疫病的危险，运输麻烦，如果进口的是母畜短期内遗传上作用有限。进口冷冻精液F_1和F_2代有杂种优势，传染疫病的危险性较小，运输方便，但是要获得纯种母畜必须采用级进杂交的方法，需要的时间长。引进胚胎，后代可从本地母体获得免疫，疾病抵抗力强，胚胎传染疾病的危险性很小，经济、运输方便，但是比进口家畜繁殖时间长。目前在世界各地，胚胎移植技术被越来越多地用于家畜的引种。

5. 保存品种资源，建立基因库

以胚胎的形式保存具有优良遗传特性的家畜品种或品系，保存濒临灭绝的动物。

6. 用于难孕畜的诊断和治疗，使难孕母畜生产后代

采用胚胎移植的方法不仅可以使繁殖机能正常的母畜妊娠产仔，获得后代，还可用于治疗多种类型母畜的不孕。

7. 重要的研究手段

这项技术是胚胎分割、嵌合、核移植、体外受精、转基因动物等家畜生物技术不可缺少的技术手段，也可用于生物学和医学的研究。

8．其它

采用动物胚胎移植生产无特定病原体的畜群；通过移植性别鉴定后的胚胎可以生产理想性别的仔畜。

这项技术虽然用途广泛，优点很多，但与人工授精技术相比，有操作环节多、成本高，前期投资多的缺点。

五、开展胚胎移植工作需要的条件

1．胚胎来源

胚胎可以从市场上购买，也可以自己组织供体畜生产。

2．一定数量的受体母畜

这在我国十分丰富，是一笔待开发和利用的宝贵资源。

3．技术人员和设备

我国已培养了一大批技术熟练的骨干，一位熟练的技术人员和几名助手一年即可移植数千头次。所需设备也不复杂，容易购置，尤其是鲜胚移植，仅需2-3万元的专用设备投入，专用仪器和器械还可流动使用。

综上所述，开展这项工作的技术条件比较容易满足，但是要把它推广到生产实践中去，却是个非常复杂的问题，工作的时间性很强，对组织工作要求高。从某种意义上说，组织工作比技术工作的难度更大。

六、羊的胚胎移植技术

1．供体受体母羊的选择

供体母羊要求具有较高的种用价值或较高生产性能、遗传性稳定、系谱清楚、体质健壮、无任何遗传性和传染性疾病、繁殖性能正常、无生殖疾病的母羊。年龄在2.5-6岁以内为宜，产羔历史清楚，性周期正常，产羔60天以上，经观察至少有两个以上正常发情周期的母羊。

受体母羊要求健康、繁殖性能良好、发情周期正常、无繁殖机能疾病，经检疫无传染疾病，膘情在7成以上，年龄在1.5-6岁之间，经观察有两个正常发情周期的母羊。

2．同期发情

供体羊和受体羊用孕激素和前列腺素进行同期发情处理。用前列腺素使黄体溶解，停止分泌孕酮，然后再用促性腺激素引起母羊发情；用外源孕激素维持黄体分泌孕酮的作用，造成人为的黄体期而达到发情同期化。

3．供体的超数排卵

超数排卵最好是在每年的秋季进行，选择发情正常的供体羊，用孕马血清促性腺激素（PMSG）一次性注射或用促卵泡素（FSH）多次注射，以达到超数排卵的目的。

4．供体母羊的配种

与之交配的种公羊要求谱系清楚、检疫合格、遗传性稳定、生产性能优良、符合本品种特征、精液品质良好。若采取自然交配方式，以公羊试情发现母羊发情就配种，配2次，每次间隔8-12h，为保险起见，也可以多次配种至母羊不发情为止。若采取人工授精方式，要严格按照操作规程进行，无菌操作很关键，一般每只羊输0.2mL，每只羊输2次，每次间隔12h，也可以输精至母羊不接受爬跨为止。

5．胚胎的收集

胚胎的收集是指用冲卵液将胚胎从生殖道冲出，收集在器皿中的过程，也称采胚，一般在配种后3-8天采胚，3天左右胚胎从受精卵冲出，7天左右从子宫冲取。以手术法进行采胚。

冲卵液：现在多采用PBS、Brinster smedium-3、SOF、Whitten smedium、HamsF-10及TCM199等，在使用时一般需含1%-5%的犊牛血清或0.3%-1%的牛血清白蛋白。

6. 胚胎的检查

收集到的冲洗液，须静置，带胚胎下沉后，移去上层液，在放解剖镜下，检查胚胎数量和发育情况，开始捡胚。将胚胎移植培养液中。

胚胎鉴定：根据透明带、胚胎细胞、发育阶段及细胞在透明带中的比例确定胚胎级别。主要分 A、B、C、D 四级。A、B 级胚胎可以冷冻保存。

7. 胚胎的移植

移植时间：鲜胚移植供体羊与受体羊要求发情同步，即供体羊和受体羊同一天发情，供体羊配种，受体羊发情待移植。鲜胚移植待发情后 48-60h 进行手术移植（早则胚胎细胞分裂不明显、卵巢黄体出血多，易造成粘连；迟则胚胎进入子宫角），供体羊、受体羊同步率不能超过 ±12h，否则影响受胎率。

受体羊的手术部位、方法与供体羊取卵时相同。移植分为输卵管移植和子宫移植两种。一般把受精卵和桑椹胚移植到输卵管，把致密桑椹胚阶段以后的胚胎移植到子宫角前 1/3 处。每只受体羊移植胚胎数，鲜胚 1-2 枚，解冻胚 3-4 枚。观察受体羊卵巢，选择有黄体一侧的子宫角把胚胎移入。

8. 供体羊、受体羊的护理与观察

术后对供体羊、受体羊进行抗炎处理、健康状况检查、返情状况的检查、妊娠检查及妊娠确定。

术后供体羊、受体羊放入羊舍后，观察 24h。24h 后可随群放牧，细心照料。供体羊待 9 天后用 PG 进行处理，每只羊 2mL，发情后配种。受体羊对复情的进行配种，对未复情的确定妊娠后，除了加强饲养管理和护理外，避免应激，做好保胎防流工作。

9. 供受体羊的手术

（1）供受体羊手术部位的消毒

①用肥皂温水将手术部位剃干净，擦干；

②清水冲洗干净；

③0.1% 新洁尔灭消毒手术部位，擦干；

④ 5%的碘酊消毒和 75%酒精脱碘。

（2）手术器械的准备

①手术器械在使用之前在 0.1%新洁尔灭溶液中浸泡 30min，并打开器械开关；

②使用时浸泡在生理盐水中（注意及时更换）；

③与 PBS 液接触的注射器及冲卵管在使用之前，用 PBS 液清洗 1 次。

（3）手术人员手臂的消毒

①手臂要严格消毒，先剪短磨光指甲，用肥皂水清洗手臂；

②在 0.1%新洁尔灭消毒盆中浸泡 5min；

③在生理盐水盆中清洗干净；

④注意消毒液和生理盐水的及时更换。

（4）手术后手术器械及器械盘的清洗与灭菌

①手术后，手术器械需认真、彻底的清洗，以便下次使用。

②用清水及洗涤液将手术器械和器械盘上的污垢或斑点清洗干净。

③用流水冲洗 5 次；用蒸馏水冲洗 5 次。

④放入恒温干燥箱，将干燥箱的温度调至 160℃，处理 1.5h。

（5）手术时操作要求

①手术时，必须戴医用手套；

②手术要求仔细、规范、准确、迅速、手法轻柔、配合默契，及时喷洒生理盐水，尽可能的缩短冲胚时间、移植时间；

③手术缝合要仔细、认真、保证缝合质量，促进伤口愈合。

七、绵羊胚胎移植操作规程

1. 绵羊胚胎移植操作程序

供体羊：组织与调理→免疫程序→前期发情跟踪（或同期处理）→超排→试情→配种→采胚

受体羊：组织与调理→免疫程序→同期处理（或自然发情）→试情→移胚

胚胎移植：供体羊（受体羊）同步发情→供体羊配种（受体羊待移）→供体羊采胚及检胚→受体羊移胚

2. 供体羊饲养管理

保持饲养环境稳定，饲养环境卫生、干燥、棚舍温度适宜，避免应激反应；制定合理的日粮配方，以粗料为主，精料为补，保证正常的营养平衡。放牧中的供体羊调理，晚间归牧后应进行精饲料的补充；舍饲供体羊的调理，除饲草的多样化供给外，还应供给配合精饲料，最好供体羊调理期间快速增膘为宜。精饲料配比应注重蛋白质饲料的添加，同时补充矿物元素和维生素，精料补充每日500g／只左右。

满足供体羊清洁饮水的需要。

适当的运动。

驱虫及免疫：供体羊组群后，即进行驱虫；口蹄疫、羊三联四方苗等的免疫工作。

试情：自然发情供体羊超排要求每天早晚各试情一次。发情的母羊进行耳号、发情时间记录，并按顺序标明体号（如：第一次试情发情8只，按1-8号标注，第二次发情6只，按9-14号标注，以此类推）。

3. 供体羊的超数排卵及人工授精

超数排卵的季节及发情周期————绵羊和山羊的最适超排季节为8月下旬至12月上旬。绵羊的发情周期为15-17.5天，山羊为19-22天。供体母羊在超排前最好观察2个完整的发情周期；

超排激素：促滤泡素（FSH）、促黄体素（LH）、孕马血清促性腺激素（PMSG）。

激素剂量：FSH：90-180IU，LH：60-200IU，PMSG：500-1500IU。

同期发情处理：CIDR、阴道海绵栓、PG。

超排方法：目前常用的方法是——FSH三天递减注射法。

绵羊以母羊发情之日作为发情周期的第0天，在母羊发情后的第13天或13.5天（周期大于17.5天的羊在第13.5天）开始，每天早（6∶00-7∶

00h）和晚（18：00-19：00h）各肌肉注射一次FSH，连续3天，剂量递减、进行肌肉注射。

山羊以母羊发情之日作为发情周期的0天，在母羊发情后期的15-16天开始，每天早（6：00-7：00h）和晚（18：00-19：00h）两次肌肉注射FSH，连续三天，剂量递减。

表 4-1 绵羊（山羊）FSH 具体注射

发情周期天数、剂量、时间		13（15）	14（16）	15（17）	16（18）	17（19）
150IU	早 6-7h 晚 18-19h	FSH-30 FSH-30	FSH-25 FSH-25	FSH-20+PG0.08mg FSH-20+PG0.08mg	发情、A.I LH：60-120IU	发情、A.I
138IU	早 6-7h 晚 18-19h	FSH-28 FSH-28	FSH-23 FSH-23	FSH-18+PG0.08mg FSH-18+PG0.08mg	发情、A.I LH：60-120IU	发情、A.I
120IU	早 6-7h 晚 18-19h	FSH-25 FSH-25	FSH-20 FSH-20	FSH-15+PG0.08mg FSH-15+PG0.08mg	发情、A.I LH：60-120IU	发情、A.I
114IU	早 6-7h 晚 18-19h	FSH-24 FSH-24	FSH-19 FSH-19	FSH-14+PG0.08mg FSH-14+PG0.08mg	发情、A.I LH：60-120IU	发情、A.I
102IU	早 6-7h 晚 18-19h	FSH-22 FSH-22	FSH-17 FSH-17	FSH-12+PG0.08mg FSH-12+PG0.08mg	发情、A.I LH：60-120IU	发情、A.I
90IU	早 6-7h 晚 18-19h	FSH-20 FSH-20	FSH-15 FSH-15	FSH-10+PG0.08mg FSH-10+PG0.08mg	发情、A.I LH：60-120IU	发情、A.I

表 4-2 供体羊超排及受体羊同期发情处理方案一

日期	供体羊（以山羊为例）	受体羊（山羊）
第0天	放置 CIDR	
第2天		放置阴道海绵栓
第9天	取出 CIDR、另放入一新的 CIDR	
第15天	肌注 PMSG200IU（也可不用）	
第16天	上午：肌注 FSH；下午：肌注 FSH	肌注 PMSG200IU
第17天	上午：肌注 FSH；下午：肌注 FSH	肌注 PG0.5mL；肌注 PG0.5mL
第18天	上午：肌注 FSH；下午：肌注 FSH 取出 CIDR；第一次发情后随即静注 LH、并进行输精或本交	取出阴道海绵栓 观察发情
第19天	有发情表现即再次进行输精或本交	观察发情
第22天	输卵管冲胚	输卵管移植
第25-26天	子宫冲胚	子宫角移植

表 4-3　供体羊超排及受体羊同期发情处理方案二

日期	供体羊（山羊）	受体羊（山羊）	
		方案 1	方案 2
第 0 天	供体羊发情日		
第 2 天		放置阴道海绵栓	
第 5 天			第 1 次肌注 PG（剂量视体重而定）
第 15 天	肌注 PMSG200IU（也可不用）		
第 16 天	上午：肌注 FSH； 下午：肌注 FSH	肌注 PMSG	
第 17 天	上午：肌注 FSH； 下午：肌注 FSH、肌注 PG0.5mL	肌注 PG0.5mL	第 2 次肌注 PG（剂量视体重而定）
第 18 天	上午：肌注 FSH； 下午：肌注 FSH 第一次发情后静注 LH、随即进行输精或本交	取出阴道海面拴 观察发情	观察发情
第 19 天	有发情表现即再次进行输精或本交	观察发情	观察发情
第 22 天	输卵管冲胚	输卵管移植	输卵管移植
第 25-26 天	子宫冲胚	子宫移植	子宫移植

表 4-4　供体羊超排及受体羊同期发情处理方案三

日期	供体羊	受体羊
第 1 天	放置 CIDR	
第 6 天		放置 CIDR
第 16 天	下午：肌注 FSH	
第 17 天	上午：肌注 FSH 下午：肌注 FSH	
第 18 天	上午：肌注 FSH 下午：肌注 FSH、肌注 PG0.5mL	肌注 PG0.5mL
第 19 天	上午：肌注 FSH、取出 CIDR 下午：第一次发情后静注 LH、随即进行输精或本交	取出 CIDR 观察发情
第 20 天	有发情表现即再次进行输精或本交	观察发情
第 23 天	输卵管冲胚	输卵管移植
第 26 天	子宫冲胚	子宫移植

表 4-5 供体羊超排及受体羊同期发情处理方案四

日期	供体羊（绵羊）	受体羊（绵羊）
第 0 天	8：00-10：00AM 放置阴道海绵栓	放置阴道海绵栓
第 10 天	晚 6：00 肌注 FSH3mL、PMSG200-500IU	PMSG200-500IU
第 11 天	早 8：00 肌注 FSH2mL 晚 6：00 肌注 FSH2mL	
第 12 天	早 8：00 肌注 FSH1mL 晚 6：00 肌注 FSH1mL、取出阴道海绵栓	取出阴道海绵栓
第 13 天	早 8：00 肌注 FSH1mL 晚观察发情、AI	观察发情
第 14 天	早观察发情、AI 晚观察发情、AI	观察发情
第 17 天	输卵管冲胚	输卵管移植
第 20 天	子宫冲胚	子宫移植

供体羊的发情鉴定：每天早晚 2 次，用试情公羊进行发情鉴定，每 30-40 只母羊需 1 只试情公羊。要求试情准确。

对种公羊的要求：谱系清楚，检疫合格，遗传性稳定，生产性能优良，精液品质良好。

人工授精操作要求：确认发情时立即进行第一次输精，之后隔 8-12h 再进行腹腔镜子宫角输精一次（输精时先进行备皮：剃毛、擦洗、碘酊消毒等），公羊采精和稀释同人工受精程序。

注：腹腔内窥镜输精是利用器械将精液直接注入子宫角的一种输精方法，其优点在于超数排出的卵细胞能够充分的受精。操作时将空腹好的发情供体羊固定在手术架上，仰面，后躯抬高，成 45°角，术者在母羊乳房基部下 10cm 处两侧各开一个 0.5cm 小孔，一孔插腹腔内窥镜，另一孔插输精枪皮肤固定管。在内窥镜中找到子宫体后，另一只手抓细管输精枪，在内窥镜的观察下，分别注入两侧子宫角内，每侧 0.25mL（采集的新鲜精液按 1：1 比例稀释，装入 0.25mL 细管后固定在细管输精枪上备用，一般一侧一个细管），输完后拔出器械在创口处喷洒碘酊即可。

4. 受体羊的选择及饲养管理

（1）受体羊的选择。

繁殖性能良好、发情周期正常、无繁殖机能疾病，经检疫无传染疾病，健康、膘情在 7 成以上；年龄在 1.5-6 岁之间；经观察有两个正常发情周期的母羊；供受体同步差最多不超过前后 24h；受体羊单独组群编号，加强饲养，保持环境相对稳定，避免应激反应，特别是饲料和圈舍的环境是最重要的。

（2）受体羊的同期发情处理。

方法 1：PG 两次注射法，即第一次注射在任意一天进行第二次注射。绵羊在第一次注射后 7 天、山羊在第一次注射后 9-10 天。第二次注射后 24-96h 观察发情。受体羊发情之日计为 0 天，按胚龄要求进行移植。

方法 2：CIDR 法，任意一天放入，放 9 天后取出，并在取出前 24h 肌注 PG，48h 后，85% 以上的羊可发情，受体羊发情之日为 0 天，按胚龄要求进行移植。

方法 3：阴道海绵栓法，任意一天放入，放置 12-14 天取出，一般在取出前 48h 肌注 PMSG 200IU，48h 后，80%-95% 以上的羊可发情，受体羊发情之日为 0 天，按胚龄要求进行移植。（可不进行试情）

5. 采胚与移胚

移植时间：鲜胚移植供体羊与受体羊要求发情同步，即供体羊和受体羊同一天发情供体羊配种，受体羊发情待移植，鲜胚移植待发情后 48-60h 进行手术移植（早则胚胎细胞分裂不明显、卵巢黄体出血多易造成粘连；迟则胚胎进入子宫角），供、受体羊同步率不能超过 ±12h，否则影响受胎率。

备皮：供、受体羊要求全部进行剃毛、擦洗、消毒程序，防止刀口感染。

采胚：供体羊经麻醉后，手术提出子宫体及卵巢，从输卵管伞部插入细管并连接玻璃皿接胚，另从输卵管基部针刺并注入冲胚液，每侧 15-20mL 冲胚。

检胚：冲出的胚胎用体视显微镜检出并移入培养液中待移。

移植：将备好皮的受体羊手术提出子宫体及卵巢，从输卵管伞部插入细管注入胚胎（黄体发育侧）。

缝合：移植完后，进行缝合，分腹膜肌肉和皮肤两层缝合（不得缝住肠管或肠系膜），并倒入青霉素和喷洒碘酊消毒。

标记：将受体羊带耳标，并做好记录，包括供受体羊耳号、移植时间、移植胚胎数量、畜主等。

注射：受体羊肌注黄体酮；供体羊肌注抗生素消炎。

注：胚胎移植各环节一定要做好消毒工作，包括手术器械的高压灭菌、移植环境的卫生与灭菌、敷料与耗品的灭菌等。

6. 绵羊胚胎移植器械与药品

仪器设备：连续变倍体视显微镜、腹腔内窥镜、加样器：50-200ul、Tip头、冲胚管、一次性培养皿（Φ35mm、Φ60mm）、电子天平（感量1‰）、硫酸纸、量筒（20mL-500mL等）、烧杯（50mL-500mL等）、超净工作台、双蒸水蒸馏器、羊内胎、羊采精外套、集精杯、保温套、羊输精器、一次性注射器（5mL、10mL）、1mL卡介苗玻璃注射器、酒精喷灯、玻璃细管、高压灭菌器、恒温水浴箱、电热古风干燥箱、电冰箱。

药品试剂：PBS粉末、BSA、FSH、LH、静松灵、新洁而灭、碘酒、酒精、CIDR、阴道海绵拴、PG（氯前列希醇）、液体石蜡、青霉素、消炎粉、生理盐水。

手术器械：手术台（1）、手术刀（1）、止血钳（4）、手术剪（圆头直刃剪、尖头直刃剪）（各1）、剪毛剪（1）、剪线剪（1）、布巾钳（4）、创布（1大1小/次/只）、方瓷盘、移动式手术车、止血纱布（若干）、缝合针（不同型号）、缝合线（不同型号）、持针钳（1）、手术刀片（若干）、梯刀（1）。

冲胚方法：手术法、腹腔内窥镜法。

手术中应注意的事项：无菌的原则；手术环境的安静、整洁；术者消毒好的手应适当放置；规范、正确应用消毒过的手术器械；做到每只羊手术前消毒；切口闭合之前应仔细清理创内凝血块、创液、组织碎片等；切口闭合要平整。

7. 影响供体羊超排效果的主要因素

作为供体羊的个体对超排处理的反映存在很大差异，往往出现相同超排处理方法，而结果差异却很大，有的供体排卵很多、而有的供体却无反应，目前已知影响羊超排效果的主要因素有以下几个方面：

（1）促性腺激素：除其种类、剂量、效价、投药时间和次数以外，生产厂家、批号、药剂的保存方法、处理程序等均影响超排效果。

（2）个体差异：羊的品种、年龄和营养状况等都会影响超排效果。一般繁殖力高的品种对促性腺激素的反应比繁殖力低的品种好，成年羊比幼龄羊的反应好，营养状况好的比营养状况差的反应好。山羊的超排效果优于绵羊。

相似的方法对不同品种绵羊超排处理结果也不同，如美利奴羊可回收胚胎数 16.37 ± 3.7 枚，萨福克羊 11.3 ± 0.9 枚，罗姆尼羊 8.2 ± 2.0 枚。

（3）季节：春季（3月）供体羊超排效果最低，秋季（9月）最高。实验发现新疆细毛羊发情旺季在9-12月份，10月份最高，发情母羊占91.4%，其中排卵母羊占96.3%。1-3月份卵巢仍有活动，4-7月份为乏情期。

（4）供体羊本身的FSH水平：家畜在自然情况下，发情前出现FSH、HE、LH的分泌峰值，促使卵泡的生长形成卵泡腔，因为只有腔卵泡才能接受外援促性腺激素的刺激而发生排卵。在自然情况下，约99%的有腔卵泡发生闭锁退化，只有1%左右的卵泡在排卵时排出卵子。有研究证明：FSH在卵泡腔形成过程中起重要作用，它能够刺激颗粒细胞的有丝分裂和卵泡液的形成，还可以增加LH感受器的数目而诱发颗粒细胞对LH的敏感性。母畜在排卵以前的20-30h出现第二次FSH高峰，其目的是启动另一批卵泡形成卵泡腔，为下一个情期排卵作准备。排卵率高的羊此峰值明显高于排卵率低的羊，而且分泌的FSH量与17天后卵巢上的有腔卵泡数量成正比。

（5）手术法胚胎移植对供受体母羊重复使用的影响。手术次数多，回收胚胎数会减少。因手术发生粘连，供体母羊胚胎回收数也会减少。所以供体羊冲胚后应消除黄体、防止粘连。

8. 影响胚胎移植妊娠率的因素

（1）供体羊与受体羊的同步化程度。

（2）受体羊的黄体发育与孕酮含量。黄体分泌的孕酮是维持妊娠的重要因素，黄体发育不好、分泌功能不足或退化就难以维持妊娠。

（3）受体的品种、年龄。

（4）一次移植的胚胎数。移植双胚的妊娠率比移植单胚的高10%~15%，将2枚胚胎同时移入受体羊一侧的子宫角，要比分别移两侧的子宫角受胎率高。

（5）术者的技术熟练程度。

第五章

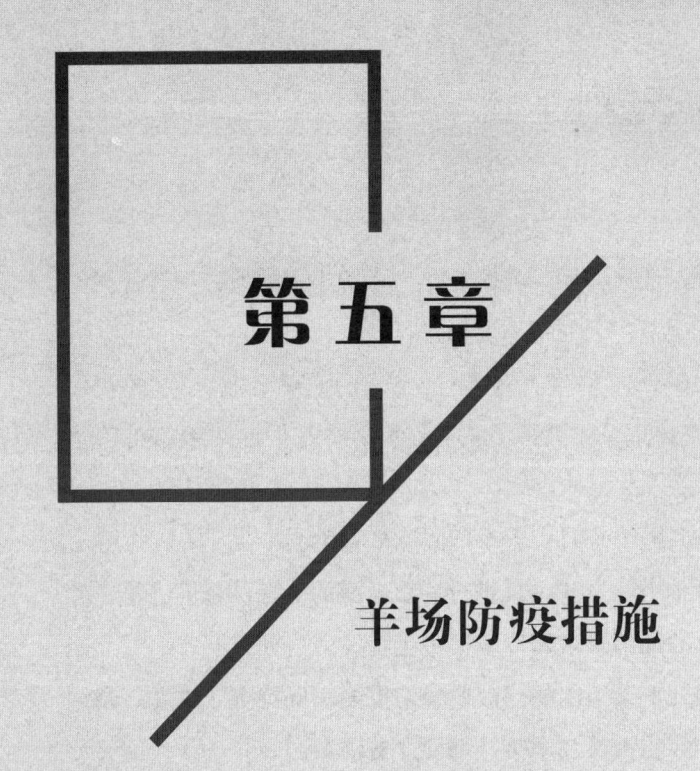

羊场防疫措施

一、规模化羊场防疫基本要求

1. 羊舍的清洁卫生

羊舍应建在地势干燥、通风向阳、光线充足、水源丰富的地方。对舍饲羊群羊舍，应保持羊舍内干燥卫生，在每季度初进行消毒。

常用的消毒药品有10-20%的生石灰乳、2-5%的火碱溶液、3%的福尔马林溶液、40%克辽林、30%草木灰水、3%来苏儿溶液、百毒杀等市售消毒剂。

消毒次数：羊舍冬季间隔1个月，春季间隔0.5个月。

转群或出栏后，要对整个羊舍和用具进行一次全面的消毒，方可进羊。贮粪场的羊粪中常含有大量的细菌及虫卵，应集中生物发酵处理。

场门、养殖场区入口处消毒池内的药液要经常更换，保持有效浓度。谢绝无关人员进场，进入生产区的人员及车辆等都要严格消毒。

2. 实行科学养羊，改善饲养管理

"羊以瘦为病""病由膘瘦起，体弱百病生""病从口入"，这几句谚语说明了疾病发生与羊的饲养管理有直接关系。在生产实际中，应根据不同生理阶段羊的营养需要和饲养制度，严格进行饲养管理，保证羊的正常生长发育和生产需要，增强抗病力。

羊场内不养猫、狗、鸡、鸭等动物；羊舍内应消灭老鼠和蚊蝇。

3. 预防注射

定期预防注射是有效地控制传染病发生和传播的重要措施。应根据当地羊群的流行病学特点每年定期进行免疫接种。一般在春季或秋季注射羊快疫、痒疽、肠毒血症三联菌苗和炭疽、布鲁菌病菌苗等。根据养殖情况也可注射大肠杆菌苗。按照上级要求即时注射口蹄病苗、小反刍兽疫苗。

从外地引进羊只，要经严格检疫并确认没有传染病方可进场，不从疫区购买草料和畜禽。

疫苗来源要可靠，最好选用畜牧主管部门推广的产品；预防只接种健康羊只，对患病、瘦弱、怀孕后期、哺乳期羊只暂不免疫接种；注射器和针头要严格进行消毒，做到一羊一针；按规定贮存好疫苗，疫苗开启和稀释后一次用完，不同的疫苗不能混合使用。

4. 定期驱虫

羊的寄生虫病是养羊生产中极为常见和危害特别严重的疾病之一。养殖场要坚持定期驱虫。一般是每年的3、6、9、12月份各进行1次全群驱虫，驱虫药物根据本地寄生虫流行情况进行选择，驱虫药交替使用，避免产生抗药性。从外地引进的羊驱虫后再并群。常用驱虫方法有口服抗寄生虫药物疗法、药浴法和喷雾法。

羊场养狗一年四次用苯硫丙咪唑或吡喹酮驱绦虫。

二、各类疾病的防治措施

1. 传染病的防治措施

首先，查明和杜绝传染源，引入羊只应该了解产地疫情，进行常规检疫和诊断检查，进入饲养场后要隔离观察一月左右。确诊病羊应及时果断处理。

当传染病发生时及应时报告上级主管部门，划定并封锁疫区，全面检查羊群，隔离可疑病羊，治疗或扑灭病羊，进行紧急预防注射。在隔离条件下，对病羊治疗，减少因散毒排菌污染环境。

2. 寄生虫病的防治措施

一般做到加强饲养管理，提高羊的体质和抵抗力；治疗病羊，消灭体内外病源，防止感染其他羊群，进行外环境驱除虫体；消灭中间宿主，切断传播链条，搞好圈舍卫生，减少感染机会；

实行药浴：一般在4-5月及9-10月各进行一次，当年羔羊应在7-8月份进行一次。羊的药浴最好在剪完羊毛后进行。同时，注意净化放牧场，消灭传染媒介，切断传染源。

3. 中毒性疾病的防治措施

健全防病和防毒制度；对饲料的来源、成份，加工调制等环节应加强检查，掌握当地有毒、有害的植物种类；禁止用发霉、变质腐烂的草料，有毒者应先作去毒处理。加强对毒物、农药、化肥的保管使用制度；禁用存放过毒剂的容器、仓库、运输工具等贮放草料。

三、羊场防疫与驱虫操作规程

1. 坚持以防为主，防治结合的方针，杜绝各种传染病的发生和传播。

2. 羊场门口设车辆、人员进出消毒池，消毒池内所放消毒液要定期更换，保证消毒效果。外来车辆和人员严禁进入生产区。

3. 秋两季按羊场防疫程序定时注射疫苗，不允许漏防或不防。

4. 定期对圈舍进行消毒，夏季每半月一次，冬季每月一次，保持圈舍环境卫生。疫病多发季节加强消毒。

5. 每年进行一次布鲁菌病检疫。

6. 每年春秋两季定期进行体内外驱虫，必要时进行药浴。

7. 病羊要隔离治疗，病好后方可混群，病羊粪便应及时收集处理。

8. 病死羊只一定要深埋消毒，不得食用或随便丢弃。

四、疫病防治措施

（一）对场区的管理

对场区实行封闭管理，未经场方防疫人员的许可并经有效的防疫消毒，任何与饲养管理及防疫工作无关的车辆或人员不得进入饲养区。

（二）对兽医人员要求

1. 身体健康，无职业病，敬业爱岗。对工作负责，不脱离工作岗位，随时跟群观察羊群、处理疾病。场内兽医人员不准对外诊疗羊及其它动物疾病。羊场配种人员不准对外开展羊的配种工作。

2．兽医人员对所使用的兽医器械如注射器、针头、止血钳、毛剪、器械盒等保持清洁卫生，使用完毕随时煮沸或高压消毒，对于塑料及橡胶器械用95%的酒精消毒。

3．保持良好的饲养管理，尽量减少疾病的发生，减少药物的使用量。羔羊疾病须治疗时，应首选残留期短，毒副作用小的药物，尽量避免使用激素类药物与重金属含量高的添加剂类。按照说明剂量用药，避免超剂量用药，防止药物配忌。免疫疫苗的使用，按肉用种羊免疫规程进行。

4．部位与针具的消毒严格按照卫生操作程序进行，注射部位剪毛并用75%酒精棉球或5%碘酒棉球消毒，注射针头用酒精棉球消毒，药物容器排气，无残渣、沉淀、混浊。

（三）对饲养人员的要求

1．饲养管理人员必须无结核病和布鲁菌病，有健康证。

2．饲养人员必须住在隔离区内的宿舍，管理人员可住在生活区宿舍，饲养管理人员进场前必须更换工作鞋、靴和服装，必须经过消毒池或消毒毯；在饲养期间饲养人员不得离开场区，如需离开则须经管理人员的同意。饲养员不得相互使用其它羊舍的用具及设备，草车、粪车要分开。

3．未经管理人员的同意，非饲养管理人员不得进入饲养区，经许可进入饲养区的其他人员，需更换由场方提供的鞋、靴和服装并由场方人员陪同在指定的区域内活动。

（四）对进出场区车辆的要求

1．运输车辆在装车前、卸车后必须经过清扫并由场方用有效的消毒药进行全面彻底的消毒；

2．必须按照场方管理人员指定的时间和路线进出场。

（五）对饲草、饲料和铺垫材料的要求

动物的饲草、饲料和铺垫材料必须来自非疫区，饲草、饲料适合种羊食用，铺垫材料适合作铺垫用。饲草、饲料和铺垫材料应随用随取，取用后及时锁门，非饲养管理人员不得进入草料库。

（六）对进出场区物品和用具的要求

1. 饲养管理人员的鞋、靴和工作服应是新的，在使用前经过消毒处理，以后每周至少洗涤消毒一次；

2. 使用的手推车、叉子、铁锹、笼头及缰绳等用具应是新的，在使用前经过消毒处理，装运饲草、饲料和排泄物的手推车应严格区分，专车专用；

3. 饲养管理人员的床上用品由场方提供，床单、被罩和枕巾由场方负责每周更换洗涤消毒一次；

4. 不得将肉、肉制品、奶、奶制品、骨、皮毛等动物产品带入场区，不得在饲养区内就餐；

5. 任何进出场区的物品必须经过场方管理人员的同意并消毒处理。

（七）生物制品及药品的使用

未经许可不得将生物制品带入隔离区；未经许可不得对饲养的羊只施药。

（八）铺垫材料、排泄物和废弃物的处理

羊只排泄物和废弃物用专用的手推车送往粪便处理池，防止途中逸散，对逸散的排泄物和废弃物应及时清理干净；排泄物和废弃物经集中发酵处理后方可出场。

（九）消毒措施

1. 定期用有效的消毒药对场区进行彻底消毒；

2. 羊舍的进出口设置消毒池或消毒毯，用于车辆轮胎和人员鞋底消毒。

（十）病死尸处理

病死羊尸体以及病理内脏器应焚烧或深埋，其污染物及时清扫、消毒或焚烧。

五、羊的免疫防预规程

1. 适用范围

本规程适用于羊的疫病免疫及相关的标准化养羊的疫病免疫。

2. 疫苗的选择与运输、保管

选泽灭活、低毒、残留期短的疫苗。严格按照各类疫苗所要求的温度保存，避光、干燥、不与其他物品混合存放、运输以低温恒温箱包装运输，以保证疫苗的效价。

3. 卫生消毒

注射器械的消毒：注射器及注射针头经冲洗干净、高压消毒后方可进行免疫注射，保证防疫时的一畜一针。

部位消毒：疫苗注射部位需剪毛后用75%的酒精棉球或5%的碘酊棉球涂擦消毒。

4. 疫苗使用要求

各类疫苗根据说明充分摇匀后注射，当天开启当天用完。过期疫苗或者有效期内没有妥善保管的疫苗部得使用。

5. 传染病的免疫（建议）

（1）羔羊阶段：
出生后24h内注射破伤风抗毒素；
出生后7d注射绵羊传染性胸膜肺炎苗（山羊注射山传苗）2周后进行

二免；

出生后20-30d第一次驱虫及注射三联四防，首免2周后进行二免；

一月龄后注射小反刍兽疫疫苗；

断奶后注射口蹄疫双价苗，2周后进行二免；

断奶后注射羊痘苗；

出生后90d进行二次驱虫。

（2）成年羊阶段：

口蹄疫双价苗每年3次，首次注射后间隔28d再注射1次，以后每隔4个月1次。

三联四防疫苗每年2次（到期提前1个月注射）

山羊用山羊传染性胸膜肺炎疫苗每年2次，绵羊用羊传染性胸膜肺炎疫苗每年2次；

羊痘苗每年1次，山羊用山羊疫苗，绵羊用绵羊疫苗，两种苗交叉保护率低。

（3）孕后期羊预防羔羊腹泻免疫方案

产前20d注射三联四防苗。

本地区或周边地区发生疫情或紧急预防时免疫的疾病：炭疽。

（4）常用疫苗使用方法

口蹄疫灭火苗：无论大小羊，每年注射3次。肌肉注射可使用"O"型和亚洲"A"型混合苗，注射时间为每年的3月中旬、7月下旬和10月下旬。

羊三联四防苗：采用浓缩苗，肌肉注射。羔羊每年注射3次，即3月上旬、下旬个注射1次，9月上旬注射1次。成年羊每年2次，即3月上旬、9月上旬各1次。

炭疽疫苗：皮下注射。羊只无论大小一律每年4月中旬注射1次。

羊痘疫苗：无毛区皮下注射，羊只无论大小一律每年8月下旬注射1次。

羊小反刍兽疫疫苗：每只羊颈部皮下注射1头份，免疫期暂为36个月。新生羔1月龄时和新补栏羊只及时开展补免，并做好补免记录。

绵羊传染行胸膜肺炎疫苗：皮下或肌肉注射，每年4月下旬注射1次。

布鲁菌病：布鲁菌病活疫苗（Ⅰ）、布鲁菌病活疫苗（Ⅱ）。

布鲁菌病活疫苗（Ⅰ）：本品系用羊种布鲁菌M5或M5-90弱毒菌株，用于预防牛、羊布鲁菌病，免疫持续期3年。皮下注射、滴鼻、气雾法免疫及口服法免疫。山羊和绵羊皮下注射10亿个活菌，滴鼻10亿个活菌，室内气雾10亿个活菌，室外气雾50亿个活菌，口服250亿个活菌。免疫接种时间在配种前1-2个月进行较好，妊娠期母畜及种公畜不进行预防接种。本疫苗对人有一定致病力，制苗及预防接种工作人员，应做好防护。本品冻干苗在0-8℃保存，有效期为1年。

布鲁菌病活疫苗（Ⅱ）：本品系用猪种布鲁菌2号弱毒株。用于预防山羊、绵羊、猪和牛的布鲁菌病。免疫持续期羊为3年。本疫苗最适于作口服免疫，亦可作肌肉注射。口服对怀孕母畜不产生影响。口服免疫，山羊和绵羊不论年龄大小，每头一律口服100亿活菌。注射免疫，皮下或肌肉注射均可，山羊每头注射25亿活菌，绵羊50亿活菌。注射法不能用于孕畜，疫苗稀释后应当天用完。拌水饮服或灌服时，应注意用凉水，若拌入饲料中，应避免用含有添加抗生素的饲料、发酵饲料或热饲料，在服苗的前后3天，应停止使用抗生素添加剂饲料和发酵饲料。本疫苗对人有一定的致病力。用过的用具须煮沸消毒，木槽可以日光消毒。本品冻干苗在0-8℃保存，有效期为1年。

6. 寄生虫病的预防

体内寄生虫病的预防：羔羊每年3次口服驱虫药，时间为5月下旬1次，8月下旬1次，11月下旬1次。成年羊每年2次，6月下旬1次，10月下旬1次。

选用药物为：丙硫苯咪唑、阿维菌素等。秋季驱虫选用注射驱虫药效果更好。

体外寄生虫病的预防：

羊疥癣：采用药浴，每年2次，时间为6月上旬1次、9月中旬1次。

羊鼻蝇：敌百虫内服，每年7月上旬1次。

7. 种羊疫病的检疫与监测

未进行过布鲁菌病免疫的种羊必须进行检疫，每年进行1次。种公羊全部检疫，母羊按每群30只抽样检疫。采用平板凝集法检验，疑为阳性者经过复检还为阳性的种羊立即淘汰。

监测的疫病：口蹄疫、羊痘、传染性胸膜肺炎、炭疽、羊口疮、羊快疫、羊肠毒血症、羊大肠杆菌病、羊结核病等。

发生疫病或怀疑发生疫病时，驻场兽医应及时诊断，并尽快向当地畜牧兽医行政管理部门报告疫情。依据《中华人民共和国动物防疫法》中的规定执行。

8. 种羊的运输

购入种羊必须在非疫区购买，并在购买地有一定时间的隔离观察和相关疫病的检疫监测，如：布鲁菌病、结核病、口蹄疫和羊痘等。

引入种羊必须在国家及地方部门认可的正规种畜场购买，并具有种羊经营许可证等各项证明。

种羊运输必须佩戴防疫耳标，并初具产地检疫证明、运输车辆消毒证明、非疫区证明、防疫卡等相关手续。

9. 引进种羊的进场

隔离：进场种羊必须分圈隔离饲养15d，进行观察，无异常方可混群。

消毒：进场时对运输车辆及种羊必须进行药物消毒，圈舍、场地消毒后方可进圈饲养。

检疫：外地引进种羊进场隔离期间应进行口蹄疫、布鲁菌病、羊痘等传染病的检疫，出现阳性立即捕杀销毁。

免疫：隔离期间无传染病，无异常的种羊应进行口蹄疫、羊痘等疫苗的接种后方可混群。

第六章

羊常见疾病防控技术

一、布鲁菌病

布鲁菌，不产生芽胞，革兰氏染色阴性，为需氧或兼性厌氧菌，对热的抵抗力不太强，100℃经 1-4min 可将其杀死。对常用消毒药品敏感，如 2.5% 漂白粉、3% 来苏儿均可在 1-2min 将其杀死。

羊布鲁菌病的主要症状是孕羊流产，常发生于妊娠后 3-4 个月的母羊。该病初次发生时流产率很高，以后大部分可获得免疫而自愈。绵羊流产率达到 30%-40%，其中 7%-15% 的是死胎。新感染的羊群流产率高达 50%-60%。

妊娠母畜是最危险的传染源，主要通过饲料和饮水经消化道感染，还可以通过交媾、昆虫叮咬传播和感染。人和多种动物对布鲁菌病有易感性，其中以牛、羊、猪最易感。母畜较公畜易感。各种布鲁菌在各种动物之间有转移现象。

潜伏期 2 周 -6 个月。

1. 主要症状

母羊多在妊娠的第 4-5 个月，多发生在第一胎，产出死胎或弱胎儿。山羊敏感性更高，常见于在妊娠后期发生流产。妊娠母羊流产的前 2-3d，精神萎靡、食欲废绝，喜卧，常常由阴门排除黏液或者带血的分泌物。流产后常发生胎衣不下，阴道内继续排出褐色恶臭液体，有的流产后发生子宫内膜炎及卵巢囊肿而长期不孕。

公畜常发生睾丸炎和副睾炎，睾丸肿大、变硬，甚至不能配种。其它常见的症状还有关节炎、腱鞘炎等，出现慢性间歇性跛行。

胎衣呈黄色胶冻样浸润，有些部位覆盖有纤维蛋白絮片和脓液，有的增厚而杂有出血点。胎儿胃（特别是真胃）中有淡黄色或白色粘液絮状物，皮下呈出血性浆液性浸润。淋巴结、脾脏和肝脏有程度不同的肿胀。

2. 防治

预防。引入牲畜应严格检疫，发现病畜应立即隔离，被污染的场所和用具及流产的胎儿、胎衣、羊水、病畜粪尿等，均须进行严格消毒或深埋处理；对疫区的畜群进行反复检疫，淘汰阳性病畜，直至全群连续 2 次血检全部阴性为止；进行人工授精，注意培育无病幼畜和健康畜群。

防治本病可参考前文所述之法。

治疗。淘汰阳性病畜，有价值的动物可用下法试治。

处方：(1) 土霉素 3-4g，或链霉素 3-5g，肌注。用药 20-30d，期间可交替用药。(2) 益母草 10g、黄芩 6g、当归、川芎、熟地、白术、金银花、连翘、白芍各 5g，研细末，开水冲服。每日 1 剂，连用 3-5d。

二、绵羊痘和山羊痘

绵羊痘和山羊痘是分别由绵羊痘、山羊痘病毒引起的绵羊和山羊的一种接触性传染病。特征是在皮肤和黏膜上发生特殊的丘疹和疱疹。

绵羊痘、山羊痘病毒均属于山羊痘病毒属，是一种亲上皮性病毒，大量存在于病羊的皮肤、黏膜的丘疹、脓疱及痂皮内，鼻黏膜分泌物也含有病毒。痘病毒耐热，耐干燥，在干燥的痂皮中能存活 3-6 个月。直射阳光、碱和大多数常用消毒药均较敏感。

病羊是传染源，主要通过污染的空气经呼吸道感染，也可通过损伤的皮肤或黏膜侵入机体。在自然情况下，绵羊痘和山羊痘病毒仅各自传染绵羊和山羊，不能互相传染。

绵羊中细毛羊较粗毛羊或土种羊易感性高，病情也较严重；羔羊较成年羊敏感；妊娠母羊易引起流产。本病主要流行于冬末、春初，气候严寒、雨季、霜冻、枯草和饲养管理不良等因素都可促使发病和加重病情。

潜伏期平均为 6-8d。

1. 主要症状

体温升高（41℃-42℃），眼睑浮肿，鼻流粘液，病羊食欲丧失，弓背站立，1-2d 后出现痘疹。痘疹多发于皮肤无毛或少毛部位，如眼周围、唇、鼻、颊、四肢和尾内侧及阴唇、乳房、阴囊和包皮上。先后经历红斑、丘疹、水疱、脓疱、结痂几个期。

绵羊中细毛羊较粗毛羊或土种羊易感性高，病情也较严重。可引起妊娠母羊流产。

2. 防治

预防。加强饲养管理，抓好秋膘，特别是冬春季适当补饲，注意防寒过冬。每年定期预防接种，注射后4-6d产生可靠的免疫力，免疫期1年。

羊群发病时，立即隔离病羊，并消毒羊舍、场地、用具，未发病的羊只或邻近已受威胁的羊群可用疫苗紧急接种。

治疗处方：（1）黄连100g，射干50g，地骨皮25g，栀子25g，黄柏25g，柴胡25g。混合加水10kg，文火煎至3.5kg，用3-5层纱布过滤2次，装瓶灭菌，皮下注射，大羊10mL，小羊5-7mL，每日2次，连用3d。（2）青霉素100万IU、链霉素100万IU，0.9%生理盐水10mL，肌注，每日2次。病毒灵5-10mL，肌注，每日2次。畜毒清5-10mL，肌注，每日2次。10%葡萄糖50-100mL，静注，每日1次。连用3-4d。

三、羔羊痢疾

羔羊痢疾主要是由B型魏氏梭菌引起的羔羊的一种急性毒血症，有时C型和D型魏氏梭菌也可引起本病。当有大肠杆菌、沙门氏菌、肠球菌等混合感染时，病情加重。本病以初生羔羊腹泻为特征。

消化道是主要感染途径。气候骤变，羔羊饥饱不均，环境卫生条件差，羔羊体质弱是本病发生的诱因。

1. 主要症状

主要危害7日龄以内（2-3日龄最严重）的羔羊。病羊精神不振，不吮奶，腹胀腹痛，持续性腹泻，粪便由粥状很快转为水样，黄白色或灰白色，恶臭，后期便中带血甚至呈血便。尸体脱水严重。

2. 防治

预防。

（1）消毒。包括圈舍、母羊乳头。

（2）保持产房的温暖、干燥（室温地 10℃ 以上，相对湿度在 60% 以下），避免羔羊受冻。

（3）母羊补饲，使羔羊吃足初乳。羔羊要合理哺乳，避免饥饱不均。

（4）对羔羊进行药物预防。

（5）隔离病羔，综合用药治疗。

（6）对母羊要抓好膘情，避免在最冷的季节产羔。

（7）常发羊群可在羔羊出生后 12h 内灌服抗生素，如土霉素 0.15-0.2g，每日 1 次，连续 3d，有一定的预防效果。

治疗。抗菌消炎，补液强心、解毒。抗生素可选用细菌敏感药物。

处方：（1）抗生素（如链霉素、庆大霉素、氟哌酸等，最好根据药敏试验选药）与口服补液盐（10 只羔羊 1 包）一起口服。每日 2 次。4-6h 后口服酵母片 2 片。连用 3-4d。（2）5% 葡萄糖盐水 20-50mL，静注，每日 1 次，连用 3-4d。（3）白头翁 10g，黄柏 5g，黄连 5g。每日 1 剂，每剂药煎 2 次，煎取药液 100mL，候温 1 次灌服，每日 2 次，连服 2-3 剂。

四、羊传染性口膜炎

俗称羊口疮，是绵羊和山羊的一种接触性传染病。春季多发，羔羊最易感染。其特征是患羊口腔黏膜出现小红斑点，继发成脓疱或水泡，后形成疣状结痂。

发病季节集中在冬春两季。在自然条件下多经伤口及接触感染，多发生于枯草季节的硬草区。

潜伏期 4-7d。

1. 主要症状

唇内或齿龈部有少量突出于粘膜表面的周围有红晕的灰白色的小硬颗粒，继而出现红斑、水泡、脓泡、破裂后形成溃疡，最后结痂，痂皮脱落。

因嘴唇疼痛不能采食，病羔逐渐消瘦，被毛粗乱。体温、脉搏、呼吸变化不大。

2. 防治

预防。加强饲养管理，给羔羊饲喂营养价值高且柔软的草料，羊舍勤打扫，垃圾就地焚烧。羊舍用2-3%的氢氧化钠消毒。

治疗处方：（1）龙胆紫或碘甘油涂抹病变处，每3d涂1次，连涂2-3次。（2）青霉素100万IU，病毒灵5mL，分别肌注，每日2次，连用3-5d。

五、羊传染性脓疱病

羊传染性脓疱病又称口疮病，是由传染性脓疱病毒引起的绵羊和山羊以口唇等处皮肤和粘膜形成丘疹、脓疱、溃疡和结痂为特征的一种传染病。

本病毒对外界有相当强的抵抗力，病羊和带毒羊是本病的传染源，主要通过皮肤、粘膜的擦伤而感染。易感动物是羊尤其是3-5月龄的羔羊，成年羊因患过本病，可形成坚强的免疫力而终身不发病。本病流行时发病率可达100%。

本病无明显的季节性，但以春夏季节芦苇等青草出芽时发病较多（芦苇草芽尖硬，可刺伤羊的嘴唇）。

1. 主要症状

口角和上唇发生散在的小红点，很快形成高粱米大的小结节，继而形成水泡、脓泡、脓泡破裂后形成黑褐色硬痂，口唇肿大，外观呈桑椹状突起。病羊因采食困难，逐渐消瘦。

部分在蹄叉、蹄冠、系部皮肤上形成水泡、脓泡，破裂后形成溃疡或痂皮，病羊跛行，掉群。

当的化脓菌和坏死杆菌感染时，或引起深部组织的化脓和坏死，有全身症状，体温升高。

2．防治

治疗处方：（1）用3%硫酸铜溶液擦洗患部（嘴唇或蹄部），直至痂皮擦脱露出鲜红的肉芽创，轻症一次即愈，重症者1周后再洗一次。（2）有全身症状者，配合使用青霉素100万IU，链霉素100万IU，肌注。病毒灵5-10mL，肌注。30%安乃近5-10mL，皮下注射。每日2次，连用3-5d。

预防。本病无疫苗防疫。羊群出现病羊时，做好羊舍卫生、消毒，隔离病羊，积极治疗病羊，防止病情加重。

六、口蹄疫

口蹄疫（FMD）是猪、牛、羊等主要家畜和其它家养、野生偶蹄动物共患的一种急性、热性、高度接触性传染病。民间有"口疮""蹄癀"之称。世界动物卫生组织（OIE）将其列为A类传染病之首。易感动物达70多种。牛尤其是犊牛对口蹄疫病毒最易感，骆驼、绵羊、山羊次之，猪也可感染发病。

口蹄疫病毒对外界环境的抵抗力很强，在冰冻情况下，血液及粪便中的病毒可存活120-170d。阳光直射下60min可杀死；加温85℃15min、煮沸3min可死亡。病毒对酸、碱敏感，故1%-2%氢氧化钠、30%热草木灰、1%-2%甲醛等都是良好的消毒液。

临床特征是在口腔黏膜、蹄部和乳房的皮肤发生水疱和溃烂。患病母羊只在口腔、蹄部出现水疱，可导致妊娠母羊可发生流产。

该病具有流行快、传播广、发病急、危害大等流行病学特点，疫区发病率可达50%-100%。病畜和潜伏期动物是最危险的传染源，病毒能随风散播到50-100km的地方，所以，空气是一种重要的传播因素。主要经消化道和呼吸道感染，也可经损伤的皮肤和黏膜感染，以直接接触和间接接触的方式而传播。人和多种动物对本病毒易感。本病传播虽无明显的季节性，且春秋两季较多，尤其是春季。

羊潜伏期1周左右。

1. 主要症状

病畜体温40℃-41℃，精神萎顿，在口腔黏膜、乳房及蹄部皮肤上发生水疱及烂斑。如有蹄部病变，可引起跛行。

绵羊多于蹄部发生水疱，出现跛行；山羊多于硬腭和舌面发生水疱。羔羊常因出血性肠炎和心肌炎（心脏松软，似煮肉状，心肌有灰白色或淡黄色斑点或条纹，称为"虎斑心"）而死亡。多成急性经过，病死率高。

2. 防治

预防。发生本病时，应及时向上级有关部门报告疫情，并逐级上报。及时确定诊断，划定疫点、疫区和受威胁区，分别进行封锁和监视。

对疫区、受威胁区的易感家畜进行一次紧急免疫。边境地区受到境外疫情威胁时，结合风险评估结果，对口蹄疫传入高风险地区的易感家畜进行一次紧急免疫。最近1个月内已免疫的家畜可以不进行紧急免疫。

接种同型疫疫苗。免疫常用口蹄疫（O型、亚洲1型）二价灭活疫苗，肌肉注射，羊1mL。免疫期4-6个月。免疫21d后可进行免疫效果评价，液相阻断ELISA法测定羊抗体效价≥27，判定为个体免疫合格。

羔羊可在28-35日龄时进行初免，间隔1个月后进行一次加强免疫，以后每间隔4-6个月再次进行加强免疫。

疫苗免疫时注意事项：

（1）疫苗应冷藏运输（但不得冻结），并尽快运往使用地点。运输和使用过程中避免日光直接照射。

（2）使用前应仔细检查疫苗。疫苗中若有其他异物、瓶体有裂纹或封口不严、破乳、变质者不得使用。使用时应将疫苗恢复至室温并充分摇匀。疫苗开启后，限当日用完。

（3）本疫苗仅接种健康羊。病畜、瘦弱、怀孕后期母畜及断奶前幼畜慎用。

（4）严格遵守操作规程。注射器具和注射部位应严格消毒，每头（只）

更换一次针头。曾接触过病畜人员，在更换衣、帽、鞋和进行必要消毒之后，方可参与疫苗注射。

（5）疫苗对安全区、受威胁区、疫区羊均可使用。疫苗应从安全区到受威胁区，最后再注射疫区内受威胁畜群。大量使用前，应先小试，在确认安全后，再逐渐扩大使用范围。

（6）在非疫区，接种后21d方可移动或调运。

（7）在紧急防疫中，除用本品紧急接种外，还应同时采用其他综合防制措施。

（8）用过的疫苗瓶、器具和未用完的疫苗等应进行无害化处理。

（9）接种后，注射部位一般会出现肿胀，一过性体温反应，减食或停食1-2d；少数怀孕母畜可能出现流产。

七、小反刍兽疫

小反刍兽疫（PPR）俗称羊瘟，又名小反刍兽假性牛瘟、肺肠炎、口炎肺肠炎复合症。是由小反刍兽疫病毒引起的一种急性病毒性传染病，主要感染小反刍动物，以发热、口炎、腹泻、肺炎为特征。

本病主要感染山羊、绵羊、美国白尾鹿等小反刍动物。在疫区，本病为零星发生，当易感动物增加时，即可发生流行。本病主要通过直接接触传染，病畜的分泌物和排泄物是传染源，处于亚临诊型的病羊尤为危险。

自然发病仅见于山羊和绵羊，山羊发病严重，绵羊也偶有严重病例发生。一些康复山羊的唇部形成口疮样病变。感染动物临诊症状与牛瘟病牛相似。多雨和干燥季节多发。

小反刍兽疫潜伏期为4-5d，最长21d。

1. 主要症状

临床表现为发病急，高热达41℃以上，并可持续3-5d；病畜精神沉郁，食欲减退，鼻镜干燥。口鼻腔分泌物逐步变成黏液脓性，如果病畜不死，这种症状可持续14d。发热开始4d内，齿龈充血，口腔黏膜弥漫性溃疡和大量流涎，进而转变成坏死。

在疾病后期，常出现血样腹泻。肺炎、咳嗽、胸部啰音以及腹式呼吸等。

本病发病率可达100%，严重暴发期死亡率为100%，中等暴发致死率不超过50%。

尸体剖检，该病与牛瘟相似，糜烂性损伤从嘴延伸到瘤、网胃交接处。在大肠内，盲肠和结肠结合处出现特征性线状出血或斑马样条纹；淋巴结肿大；脾脏出现坏死病变和肺尖肺炎病变。

2. 防治

预防。疫情发生后，应及时向上级有关部门报告疫情，按照有关应急预案和防治技术规范要求，坚持依法防控、科学防控，切实做好疫情处置各项工作，严密封锁疫区，加强消毒灭源和监测排查。发生疫情时，对疫区和受威胁区羊只进行紧急免疫。最近1个月内已免疫的羊可以不进行紧急免疫。

紧急免疫常用小反刍兽疫活疫苗（Clone 9株）。该疫苗该疫苗安全有效，保护期长，一次免疫可保护3年。注射时要按瓶签注明头份，用灭菌生理盐水稀释为每毫升含1头份，每只羊颈部皮下注射1mL。注射该疫苗后，个别羊可能出现过敏反应外，一般无可见不良反应。

加强消毒。金属设施设备的消毒，可采取火焰、熏蒸和冲洗等方式消毒；羊舍、车辆、屠宰加工、贮藏等场所，可采用消毒液清洗、喷洒等方式消毒；养羊场的饲料、垫料、粪便等，可采取堆积发酵或焚烧等方式处理；疫区范围内办公、饲养人员的宿舍、公共食堂等场所，可采用喷洒的方式消毒。

新生羔1月龄后和新补栏羊只每年及时开展补免，并做好补免记录，加施耳标，实现追溯。

免疫28d后，抗体检测阳性，判定为个体免疫合格。免疫合格个体数量占免疫群体总数不低于70%的，判定为群体免疫合格。

小反刍兽疫活疫苗应在−15℃以下保存。稀释后的疫苗应避免阳光直射，气温过高时在接种过程中应冷水浴保存，稀释后的疫苗应限3h内用完。用过的疫苗瓶、剩余疫苗及接种用注射器均应集中统一无害化处理。

严禁从存在本病的国家或地区引进相关动物。避免野生羊、鹿等与人工饲养的羊群接触。

八、传染性胸膜肺炎

羊传染性胸膜肺炎又称羊支原体性肺炎，是由支原体所引起的一种高度接触性传染病。临床特征高热、咳嗽，胸和胸膜发生浆液性、纤维素性炎症。自然条件下，丝状支原体山羊亚种只感染山羊，3岁以下的山羊最易感染，而绵羊肺炎支原体则可感染山羊和绵羊。

病羊和带菌羊是本病的主要传染源，主要通过空气－飞沫经呼吸道传染。阴雨连绵，寒冷潮湿，羊群密集、拥挤等因素，利于空气－飞沫传染的发生；多发于冬季和早春枯草季节，羊只营养缺乏，机体抵抗力降低，较易发病，发病后病死率也较高。

潜伏期短者为5-6d，长者3-4周，平均18-20d。

1. 主要症状

急性：最常见。病初体温升高，继之出现短而湿的咳嗽，伴有浆性鼻漏。4-5d后，咳嗽变干而痛苦，鼻液转为黏液－脓性并呈铁锈色，高热稽留，食欲锐减，呼吸困难和痛苦呻吟，眼睑肿胀，流泪，眼有黏液－脓性分泌物。口半开张，流泡沫状唾液。

慢性：多见于夏季。全身症状轻微，间有咳嗽和腹泻，鼻涕时有时无。

妊娠母羊除了表现为肺炎症状外，还可发生流产。

胸腔常有淡黄色液体，间或两侧有纤维素性肺炎；肝变区凸出于肺表，颜色由红至灰色不等，切面呈大理石样；胸膜变厚而粗糙，上有黄白色纤维素层附着，直至胸膜与肋膜、心包发生粘连。心包积液，心肌松弛、变软。急性病例还可见肝、脾肿大，胆囊肿胀，肾肿大和膜下小点溢血。

2. 防治

预防。除加强一般措施外，关键问题是防止引入或迁入病羊和带菌者。新引进羊只必须隔离检疫1个月以上，确认健康时方可混入大群。免疫接种可用绵羊肺炎支原体灭活苗、丝状支原体山羊亚种制造的山羊传染性胸膜肺炎氢氧化铝苗、鸡胚化弱毒苗、绵羊肺炎支原体灭活苗等。

治疗。发病羊群应进行封锁，及时对全群进行逐头检查，对病羊、可疑病羊和假定健康羊分群隔离和治疗；对被污染的羊舍、场地、饲管用具和病羊的尸体、粪便等，应进行彻底消毒或无害处理。

病羊可进行治疗。用新胂凡纳明（914）静脉注射，也可用磺胺嘧啶钠皮下注射。磺胺嘧啶钠与多西环素配合治疗、克拉霉素与庆大霉素配合治疗效果会更好些。

九、李氏杆菌病

羊李氏杆菌病又称转圈病，是由李氏杆菌引起的以脑膜脑炎、败血症和母畜流产为主要特征的传染病。该病常散在发生，但致死率高，以早春及冬季多见。天气变化、阴雨天气、青饲料缺乏及寄生虫感染均可诱发本病。家禽、家畜、啮齿动物以及人类都能够感染。

李氏杆菌是一种小杆菌，呈革兰氏阳性，在抹片中往往单个存在、成对或者呈 V 形排列。该菌在 pH 值小于 5.0 时无法存活，采取常规巴氏消毒法也无法将其杀死，但对食盐和高温具有较强的耐受性，如在 65℃下处理 30-10min 才可将其杀灭。常用的消毒药都能够将其杀死。

1. 主要症状

患病的妊娠母羊病初体温升高到 41℃-42℃，食欲减少或废绝，很快出现神经症状，走动不稳，步态蹒跚，动作异常，或者向一侧旋转，有时头颈会朝向一些歪斜，向一侧作转圈走动，无法人为迫使其改变。眼球突出，视力障碍。病羊咀嚼吞咽困难，将食物含在口中不能下咽，随即又从口中掉出。头颈上弯，颈项强硬，发生角弓反张。有的母羊流产，流产时间一般在妊娠三个月以后，流产率高达 15% 左右。

发病后期，病羊会倒地无法站起，陷入昏迷，抽搐，四肢呈游泳状划动，经过 2-3d 会由于严重衰竭而发生死亡。

脑炎型可能见到脑膜出血、水肿。

败血症型可见到皮下弥漫性出血点，肠系膜淋巴结肿大、肝脾肿大、肝表面有灰白色坏死灶等变化。

病程最短时只能够持续 2-3d，长时能够达到 7-20d。

2. 防治

预防。防治本病必须紧紧抓住"养、防、检、治"等基本环节。坚持以粗料为主、精料适当补充的饲养方法，严禁大量饲喂精料。另外注意矿物质、维生素的补充，多胎羊（如小尾寒羊）一定要注意钙的补充，防止缺钙。

由于本病目前无有效疫苗，平时的药物预防及加强检疫是防止本病发生的措施。定期消毒，杀虫灭鼠，对粪便进行无害化处理。早发现、早隔离、早治疗。早期大剂量使用抗生素，如头孢氨苄、磺胺类是本病的首选药物。

治疗处方：（1）青霉素 100 万 IU，注射用水 10mL，肌肉注射，每日 2 次，连用 3-4d。（2）四环素 100 万 IU，5% 葡萄糖生理盐水 100mL，静脉注射，每日 1 次，连用 3-4d。

十、羊沙门氏菌病

羊沙门氏菌病主要由鼠伤寒沙门氏菌、羊流产沙门氏菌、都柏林沙门氏菌引起羊的一种传染病。以羊发生下痢，孕羊流产为特征。

沙门氏菌属于肠杆菌科，沙门氏菌属，革兰氏阴性菌，按其抗原成分，可分为甲、乙、丙、丁、戊等 5 个基本菌组。沙门氏菌在水中不易繁殖，但可生存 2-3 周，冰箱中可生存 3-4 个月，在自然环境的粪便中可存活 1-2 个月。沙门氏菌最适繁殖温度为 37℃，在 20℃以上即能大量繁殖。畜禽的带菌现象相当普遍，该菌可潜藏于消化道、淋巴组织和胆囊内，当动物抵抗力降低时，病菌便大量繁殖而发生内源性感染。

羊易感，不分品种、性别、年龄或断乳龄或断乳不久的羊最易感；病羊和隐性感染羊或健康带菌羊为主要传染源；主要以消化道感染为主，交配和其他途径也能感染。本病一年四季均可发生，育成羊常于夏季和早秋发病，孕羊主要在晚冬、早春季节发生。饲养管理不良和各种不良因素均可促进本病发生与流行。

本病的潜伏期长短不一，依动物的年龄、应激因子和侵入途径等而不同。

1. 主要症状

（1）下痢型羔羊副伤寒

各种年龄的畜禽均可感染，常发生于15-20日龄的羔羊及断乳不久的羔羊。病初精神沉郁，体温升高到40℃以上，低头弓背，食欲减退或拒食。身体虚弱、憔悴、趴地不起，经1-5d内死亡。

大多数病羔羊出现腹痛、腹泻，排除大量灰黄色糊状粪便，迅速出现脱水症状，眼球下陷，体力减弱。严重的下痢型病羊，排粘性带血稀粪。有的病羔羊出现呼吸促迫，流出黏液性鼻液，咳嗽等症状。

（2）流产型副伤寒

流产多见于妊娠的最后两个月。羊第一次患病时，羊流产率约10%，严重时可能达到40%-50%。平均流产率约占7%。

妊娠母羊常表现出精神沉郁，食欲下降，体温升高，40.5℃-41.6℃。部分羊有腹泻症状，阴道有分泌物流出。

病羊产下的活羔羊比较衰弱，不吃奶，并可有腹泻，一般于1-7d内死亡。病羊伴发肠炎、胃肠炎和败血症。

2. 防治

预防。加强饲养管理、做好消毒工作、消除传染源是预防本病的关键。疫苗可用牛副伤寒氢氧化铝菌苗，1岁以下肌肉注射1-2mL，2岁以上2-5mL。

治疗。可用磺胺类药或呋喃类药，也可用金霉素、土霉素、卡那霉素、链霉素、盐酸环丙沙星、氟苯尼考及抗菌增效剂配合用药，同时采取对症治疗和支持治疗（输液等）。

处方：土霉素或新霉素，羔羊每天30-50mg/千克体重，分三次内服，连用3-4d。成年羊10-30mg/千克体重，肌肉或静脉注射，每日2次，连用

3-4d。对败血性病羊可用抗出血性败血病血清 10-20mL，皮下或肌肉注射，每日 2 次，连用 3-4d。

十一、胃肠炎

羊胃肠炎指胃肠道黏膜及其深层组织的炎性变化，致使胃肠的分泌和运动机能发生紊乱。

1. 常见发病原因

饲养不当：如采食精料过多，或吃了腐败、发霉、粗硬、霜冻、冰冻、含泥沙饲料、饲草等，或吃了有毒的植物和刺激性强的药物，以及误食了化肥等均可致病。

管理不善：如草料突然变换，喂食习惯改变，过饥过饱，不定时、不定量，久渴失饮，饮水不洁，褥草潮湿，环境卫生不良。天气聚变、淋雨受寒。

幼畜发育不良，吃奶过多等均可诱发本病。

继发于炭疽、副结核、巴氏杆菌病、羊快疫、羔羊大肠杆菌病等传染病及某些寄生虫病、中毒病及其它内科疾病。

2. 主要症状

以消化机能紊乱、发热、腹痛、腹泻、脱水和毒血症为特征。

初期病羊多呈急性消化不良，表现精神不振，食欲差或不食，黏膜潮红，脉搏加快达每分钟 100 次，磨牙、弓背、口渴喜饮、出现前胃弛缓症状。相继食欲、反刍停止，体温升高至 40℃以上，消瘦、口腔干燥发臭，有黄白色舌苔。肠音初期增强，后期减弱、消失。初便秘、后下痢，粪稀如水或稀粥样，粪中带有黏液。伴有腹痛不安，喜卧，甚至呻吟、痉挛、昏迷，治疗不及时造成死亡。

严重病例，结膜黄染，粪中带血及脱落的肠黏膜等坏死组织，色黑恶臭，似煤焦油样。

注意区别传染病及蠕虫病。

3. 防治

预防。加强饲养管理和搞好环境卫生，消除病因，给予优质的干草、易消化的饲料和清洁的饮水，避免采食有毒的植物、霉败草料、不洁净饲料和大量灌服刺激性强的药物。饲喂定时定量，日常饲料应搭配补充含有丰富维生素、矿物质的饲料，以提高家畜的抗病力。合理用药，定期检疫。

幼畜要注意圈舍卫生、保暖，可定期用抗菌药或消毒药液饮水。

治疗。以抑菌消炎、消理胃肠、止吐止泻、补液、止血、解毒、强心、加强护理为治疗原则。

处方：（1）庆大霉素 5-10mL，肌注，每日 2 次，连用 3-4d 天。或用氟哌酸、环丙沙星、恩诺沙星、长效沙星。（2）5% 葡萄糖盐水 100-200mL、5% 碳酸氢钠 50-100mL，静注，每日 1 次，连用 3-4d 天。（3）加味白头翁汤（白头翁 15g、黄连 6g、秦皮 10g、郁金 10g、黄柏 10g），水煎温服，一剂药每日煎 2 次，连用 3-4d 天。有便血症状时，加槐花炭 6g、地榆炭 6g。（4）止血敏 4-8mL，安络血 5-10mL，肌注。10% 安钠咖或樟脑磺酸钠 3-5mL，后海穴注射。30% 安乃近 5-10mL，皮下注射。每日 2 次，连用 3-4d 天。

十二、肺炎

本病可分为小叶性肺炎和纤维性肺炎。小叶性肺炎，常由于感冒、饲养管理不当（如圈舍潮湿、空气污浊、贼风袭击）、吸入异物（尘沙）及灌药不慎进入肺部而引起。纤维性肺炎，由于某些传染病和侵袭病并发肺炎，如绵羊痘、出血性败血病、羔羊副伤寒、假结核、肺寄生虫病（如肺丝虫）常引起本病。一旦发生继发性肺炎，致死率均比原发病高。

幼畜肺功能不全，抵抗力弱，易发。

饲养不良，如畜舍寒冷、潮湿、通风不良、饲养密度过大，易发生本病。

气候剧变，如放牧时忽遇风雨，或剪毛后遇到冷湿天气；严寒冬季和多雨天气更易发病。

1. 症状

病初如同急性支气管炎症状，之后出现体温升高达40℃以上，呈弛张型热，全身症状加重，呼吸紧迫，精神不振，食欲减退或废食，日趋消瘦，阵发咳嗽，咳声低沉。眼、鼻粘膜变红，鼻流分泌物。肺部听诊闻锣音和支气管呼吸音，压迫肺区有疼痛感。叩诊胸部有局限性浊音区。血液检验见白血球数增高。

注意区别支气管炎、大叶性肺炎。

2. 防治

预防。羊舍内应干燥、清洁、通风良好、有阳光。饲料要富有营养而易消化。对病畜隔离，并在安静处治疗。

治疗。以抑菌消炎，祛痰止咳，制止渗出、促进炎性渗出物的吸收和排除，加强护理，注意营养为治疗原则。

抑菌消炎通常选用抗生素或磺胺类药物进行治疗，抗生素可选用四环素或卡那霉素，也可用青霉素、链霉素等。

处方：（1）四环素50万IU，5%葡萄糖盐水100mL，10%葡萄糖酸钙20-30mL，10%安钠咖2-5mL，维生素C 5-10mL，静注，每日1次，连用3-4d。（2）卡那霉素100万IU，肌注。柴胡5-10mL，病毒灵2-5mL，肌注。每日2次，连用3-4d。30%安乃近5-10mL，皮下注射。（3）黄芩10克、知母5克、桔梗5克、贝母5克、元参5克、杏仁10克、瓜蒌5克、枇杷叶5克、栀子5克、甘草5克、共研末，开水冲服，每日1次，连用3-4d。

十三、硒缺乏症

由于长期饲喂缺硒的饲料引起的幼畜禽一种营养代谢性疾病。本病的流行特点是发病的地区性、季节性和群体选择性。平均气温低、无霜期短、年降水量多、低海拔地区多发。冬春两季，2-5月份多发。常发生于幼畜禽。

1. 主要症状

羔羊发病分急性、亚急性、慢性三种。急性型少见，亚急性和慢性多见，以运动障碍和消化功能紊乱为主要症状。病羊精神不振，拱背，四肢无力，运动困难，喜卧地。有时出现强直性痉挛，随后出现麻痹，血尿；死亡前昏迷，呼吸困难。死后剖解骨骼肌苍白，营养不良。

亦有病羊初期未见异常，但在放牧时由于惊吓而出现剧烈运动或过度兴奋而突然死亡。

2. 防治

预防。对于瘫痪病羊治疗效果不理想，重点在预防。

发现同群羔羊有运动障碍的病羊后，诊断后全群羔羊用下方进行预防治疗。0.1%亚硒酸钠，羔羊2-4mL，皮下或肌肉注射；7-14d重复1次。维生素E，羔羊50-100mg，肌注，每日1次，连用3-4d。

十四、铜缺乏症

铜缺乏症是一种慢性地方性疾病，自然发生的铜缺乏症主要见于草食动物，特别是放牧山羊，往往大群发生或呈现地方性流行。

1. 主要症状

贫血、腹泻、运动失调、被毛褪色和繁殖机能障碍。

生长发育缓慢，关节变形，系关节明显增大，运动不协调，行走时后躯摇摆，兔跳，或后肢拖地行走，严重者后躯瘫痪。

持续腹泻，排黄绿色乃至黑色水样粪便（称为泥炭泻）。

对延迟型的，症状于出生后1-2个月才出现，瘫痪，很快死亡，如耐过2-3个月，其症状可随年龄的增长而减轻。

羊毛弯曲度下降，变平直，弹性下降，黑毛褪色变为灰白色，毛纤维上出现一些褪色的条带。

绵羊繁殖功能减弱，可发生流产，流产胎儿较小，多为死胎。

2. 防治

预防。对原发性的缺铜病，治疗效果不理想，重点在预防。

直接给动物补充铜进行预防，可用1%硫酸铜溶液，口服，成年羊150mL，每7天1次。妊娠母羊于妊娠期继续进行，可防止羔羊地方性运动失调和摇背症。羔羊出生后14天1次，1次3-5mL。

十五、难产

1. 病因

难产的直接原因可分为胎儿性难产和母体性难产两方面。

胎儿性难产

胎儿的大小及形态异常：胎儿过大、胎儿畸型或双胎、死胎。

胎势异常：头位不正、胎儿头位前肢配列不正、尾位后肢配列不正。

胎向异常：出现腹横向、背横向、腹纵向、背纵向。

胎位异常：正生侧位、倒生侧位、正生下位、倒生下位。

母体性难产

产力不足：子宫收缩力微弱、努责微弱或母畜不会努责。

产道狭窄：软产道组织或骨盆狭窄。

2. 主要症状

羊水破后母畜频频努责，经3-4h不见胎儿排出。

3. 防治

腹部按摩引产。

剖腹产手术。

十六、异食癖

钠、钙、钴、铜、锰、铁、硫等矿物质不足或比例不当，特别是钠盐不足，动物常异嗜带碱性物质；此外，某些维生素，特别是维生素 A 和 B 族缺乏，使代谢机能紊乱；钙、磷比例失调；蛋白质等营养物质缺乏，均可引起羊异食癖。

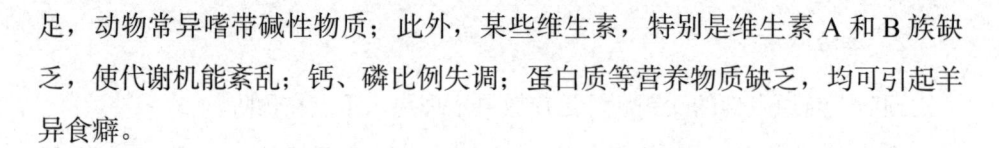

1. 主要症状

绵羊乱舔乱吃杂物喜食，如污物、骨头及羊毛；病畜渐渐消瘦、贫血、泌乳下降，常引起胃肠阻塞和消化不良症状甚至继发胃肠炎。母畜常引起流产。

2. 防治

防治原则是缺什么营养物质，补什么营养物质。一般首先考虑常量矿物元素是否缺乏，可用下方进行防治。

处方：食盐（占饲料的 0.5-0.9%）、骨粉 20g、氯化钴 5-10mg，混合口服，每 3 日 1 次。或硫酸铜配合氯化钴，羊 10-20mg，鱼粉、骨粉、蛋白质饲料，混饲；补充羊用舔砖。

十七、羔羊皱胃毛球阻塞

是羔羊因某些营养物质缺乏而舔食羊毛，在胃内形成毛结引起消化机能紊乱和胃肠阻塞的一种代射病。本病多发生在秋末冬初，细毛羊及其杂交羊的羔羊较常见。

某些地区由于含硫物质缺乏，土壤水分不够，缺乏青饲料，易引起本病。秋末初冬，牧草干枯，青绿饲料减少，营养不全。饲养管理不当。如羊群密度大，可促使本病发生。饲料不全价，在缺乏胱氨酸或矿物质时可引发食毛癖。

1. 主要症状

常见 1 月龄以内的羔羊有拣拾羊毛或啃咬母羊羊毛及舔食墙土是现象。

病羊被毛粗乱，食欲减退，经常下痢，贫血，日益消瘦。当毛球阻塞幽门或肠道时，表现食欲废绝，流涎，气喘，腹痛，腹胀，不排粪。触诊腹部，在皱胃或肠道内可触摸到有枣核到拇指大小的硬韧物，压之疼痛。

2. 防治

预防。使用大剂量的润滑性泻剂在毛球小的时候将其泻下。15日龄口服植物油50mL，25日龄再口服50mL，即可。

补充矿物质减少羔羊舔食现象，如食盐40份，骨粉25份，碳酸钙35份，或氯化钴1份，食盐1份，混合少量麸皮，任羔羊自由舔食。

治疗。真胃切开术，或肠道切开术，取出毛球。

十八、棉籽饼中毒

多因长期饲喂大量棉籽饼引起。临床上以失明、胃肠炎、红尿、少尿、肺水肿、贫血、心衰和神经症状为特征。

长期饲喂，游离棉酚易蓄积，不易排除，尤其是单一饲喂时更易发病。日粮中缺乏钙、维生素A时，上皮细胞的完整性破坏，游离棉酚易进入体内。（棉籽饼是一种缺乏VA、Ca的饲料，若长期单一饲喂，可引起牛羊的消化、呼吸、泌尿器官粘膜变性，产生磷酸盐，易形成尿石症。）

1. 主要症状

久喂可形成尿结石，多见于牛、羊、猪，多以慢性中毒多见。

孕羊发生流产和死胎，公羊发生尿结石，急性型多发于膘好的羊，有的气喘，常在进圈或产羔时突然死亡。慢性型出现前胃弛缓症状，结膜充血，羞明流泪，有眼屎，视力减退，常呆立，心跳加快，节律不齐，流鼻液，咳嗽，呼吸急促，粪球带有黏液或血液，尿呈淡红色，后躯摇摆易跌倒。

2. 防治

治疗。没有好的治疗方法，只能对症治疗。同时停喂棉粕，改善饲养，解毒，保肝，强心和制止渗出。

处方：（1）1%硫酸亚铁50-100mL，口服。25%葡萄糖50-100mL，10%氯化钙10-20mL，10%安钠咖5mL。静注。（2）维生素C、维生素A、维生素D，肌注。（3）金银花20g，胆草6g，黄芩10g，鸡蛋清1个，蜂蜜50g。

上药研细末,水煎去渣,候温加水、鸡蛋清,蜂蜜灌服。每日1次,连用3-4d。

预防。限制喂量。对棉籽饼进行加热去毒,加铁去毒(铁与棉酚之比为1:1,饲料铁含量不超过500PPM),或浸泡脱毒,或用脱毒剂脱毒。

十九、疥癣病

羊疥癣,主要由疥螨、痒螨和足螨三种寄生虫危害引起。羊疥癣的特征是皮肤炎症、脱毛、奇痒及消瘦。在秋末、冬季和早春多发生,阴暗潮湿、圈舍拥挤和常年的舍饲可增加发病机率和流行时间。

羊主要由病、健羊直接接触传播,还可通过螨及其卵污染的畜舍、用具等间接接触传播。本病分布很广,多见的有绵羊痒螨病,其次是绵羊疥螨病等。

本病多发于秋冬季节,特别是饲养管理不良、卫生条件差时最易发生。

1. 主要症状

病初虫体刺激神经末梢,引起剧痒,羊不断的在圈墙、栏杆等处摩擦。在阴雨天气、夜间、通风不良的圈舍病情会加重,然后皮肤出现丘疹、结节、水疱,甚至脓疮,以后形成痂皮或龟裂。

绵羊患疥螨时,病变主要在头部,可见大片被毛脱落。患羊因终日啃咬和摩擦患部,烦躁不安,影响采食量和休息,日见消瘦,最终极度衰竭死亡。

疥螨病一般开始于皮肤柔软且毛短的地方,如嘴唇、口角、鼻面、眼圈及耳根部,以后皮肤炎症逐渐向四周蔓延;痒螨病则起始于被毛稠密和温度、湿度比较恒定的皮肤部分,如绵羊多发生于背部、臀部及尾根部。

2. 防治

治疗。对病畜应隔离饲养,及时治疗。

处方:阿维菌素0.3mg/kg体重,口服或皮下注射,7-10天后重复1次,疗效很好。

预防。羊数量多且气候温暖时,进行药浴治疗,用螨净水溶液进行药浴。

气候寒冷发病少时，可局部用药，在用药前，先用肥皂水软化痂皮，第二天用温水洗涤，再涂药。用克辽林擦剂涂擦患部。

二十、羊狂蝇蛆病

是由羊狂蝇的幼虫寄生于羊的鼻腔或其附近的腔窦中，引起慢性鼻炎。

1. 主要症状

成虫在侵袭羊群产幼虫时，羊表现不安，互相拥挤，频频摇头，喷鼻，或以鼻孔抵于地面，或以头部埋于另一羊的腹下或腿间，严重扰乱羊的正常生活和采食，使羊生长发育不良，消瘦。

当幼虫在羊鼻腔内固着或移动时，以口前钩和体表小刺机械地刺激和损伤鼻黏膜，引起黏膜发炎和肿胀，患羊表现为打喷嚏，摇头，甩鼻子，摩擦鼻子，流泪，食欲减退，日益消瘦。

少数第一期幼虫可移行入鼻窦，致鼻窦发炎，甚或累及脑膜，患羊表现运动失调，作旋转运动。

2. 防治

治疗。在本病流行严重的地区，应重点消灭幼虫，每年夏、秋季节，应定期用1%敌百虫喷擦羊的鼻孔。

处方：伊维菌素0.3mg/kg体重，配成0.1%溶液，1次皮下注射。或精制敌百虫，绵羊0.12g/kg体重，配成2%水溶液，1次灌服。

二十一、细颈囊尾蚴病

细颈囊尾蚴病是由泡状带绦虫的幼虫——细颈囊尾蚴寄生于绵羊、山羊、黄牛、猪等多种家畜及野生动物的肝实质、浆膜、网膜及肠系膜所引起的一种绦虫蚴病。细颈囊尾蚴主要引起家畜尤其是羔羊的生长发育受阻，体重减轻，当大量感染时可因肝脏严重受损而导致死亡。其成虫则寄生于犬、狼、狐等肉食动物的小肠内。本病在全国各地均有不同程度的发生，羊发病多见于与犬接触较为密切的广大牧区。

细颈囊尾蚴呈囊泡状，俗称水玲铛。内含透明液体，黄豆大到小儿头大不等，囊壁上有一个向内生长具细长颈部的乳白色头节。羊等吞食含有卵囊的粪便而感染，孵化出的六钩蚴钻入肠壁血管，随血流至肝，进入肝实质或移至肝表面，发育为囊尾蚴，有些脱落于腹腔附着于网膜、肠系膜上，经3个月发育成熟。犬吞食含有细颈囊尾蚴的羊肝脏后，在小肠发育为绦虫。

流行原因主要是由于感染泡状带绦虫的犬、狼等动物的粪便中排出绦虫的节片或虫卵，它们随着终宿主的活动污染了牧场、饲料和饮水而使羊等中间宿主遭受感染。蝇类是不容忽视的重要传播媒介。每逢宰羊时，犬多守立于旁，凡不宜食用的废弃内脏便丢弃在地，任犬吞食，这是犬易于感染泡状带绦虫的主要原因。凡养犬的地方，一般都有牲畜感染细颈囊尾蚴。牧区的羊感染也较重。

1. 主要症状

细颈囊尾蚴病生前诊断非常困难，可用血清学方法，诊断时须参照其临床症状，并在尸体剖检时发现虫体及相应病变才能确诊。

临床症状：通常成年羊症状表现不明显，羔羊症状明显。当肝脏及腹膜在六钩蚴的作用下发生炎症时，可出现体温升高，精神沉郁，腹水增加，腹壁有压痛，甚至发生死亡。经过上述急性发作后则转为慢性病程，一般表现为消瘦、衰弱和黄疸等症状。

病理变化：慢性病例可见肝脏包膜、肠系膜、网膜上具有数量不等、大小不一的虫体泡囊，严重时还可在肺和胸腔处发现虫体。急性病程时，可见急性肝炎及腹膜炎，肝脏肿大、表面有出血点，肝实质中有虫体移行的虫道，有时出现腹水并混有渗出的血液，病变部有尚在移行发育中的幼虫。

2. 防治

治疗。吡喹酮，50mg/kg体重口服，每日1次，连服2次。或用丙硫咪唑或甲苯咪唑治疗。

预防。含有细颈囊尾蚴的脏器应进行无害化处理，未经煮熟严禁喂犬。在该病的流行地区应及时给犬进行驱虫，驱虫可用吡喹酮（5-10mg/kg体重）或丙硫咪唑（15-20mg/kg体重），1次口服。注意捕杀野犬、狼、狐等肉食兽。做好羊饲料、饮水及圈舍的清洁卫生工作，防止被犬粪污染。

二十二、羊消化道线虫病

消化道线虫病是牛、羊等反刍动物的多发寄生虫病，在这些动物的皱胃及肠道内，经常有不同种类和数量的线虫寄生，并可引起不同程度的胃肠炎、消化机能障碍，患畜消瘦、贫血，严重者可造成畜群的大批死亡。

1. 常见虫种

捻转血矛线虫寄生于皱胃及小肠。

仰口属线虫（又称钩虫）。常见的有羊仰口线虫和牛仰口线虫，寄生在小肠。

食道口线虫。寄生于大肠腔。

毛首属线虫（又称鞭虫），寄生于大肠（盲肠）内。

2. 主要症状

羊消化道内寄生的线虫种类甚多，数量不一，一般呈现慢性、消耗性疾病的症状。

感染初期：病羊基本上没有表现出任何明显的临床症状。

感染中期：随着病羊抗寄生虫能力的减弱，消化道内寄生的虫体大量繁殖，在那里吸收大部分营养，身体出现营养不足的现象，被毛粗乱，消瘦，贫血，精神不振。

感染后期：大多数病羊由于受到寄生虫及其分泌物的严重刺激，使其开始出现一系列明显的临床症状，精神萎顿，食欲减退，受到外界刺激反应淡漠，容易疲劳，在放牧过程中往往离群，少数会出现空嚼、磨牙以及异食等症状。体温略微升高或者偏低，减少反刍，瘤胃蠕动音减弱并变少，可视黏膜黄染或者苍白，眼球下陷，皮肤弹性变差。

大多数病羊发生腹泻，粪中带有黏液，有时混有血液。病情反复，用药时症状轻，停药后又发病。最后甚至出现肛门失禁或者脱肛的现象，极度衰弱而死亡。

3. 防治

预防。加强饲养管理，建立清洁饮水点，合理补充精料和矿物质，增强羊的抵抗力，有计划地进行分区轮牧。在严重流行地区，每年进行牧后和牧前的全群驱虫。如丙硫咪唑，15mg/kg体重，口服，可预防该病。也可用伊维菌素。

治疗。发现病羊后立即隔离，同时使用醛类消毒液紧急消毒羊舍内外环境和所有使用工具，切断传播途径，消除传染源。驱虫药可选用左旋咪唑、丙硫苯咪唑、甲苯咪唑、伊维菌素等。

丙硫苯咪唑，10mg/kg体重，口服；

敌百虫，100mg/kg体重，口服；

左旋咪唑，5-10mg/kg体重，溶于适量水中灌服；

甲苯咪唑，10-15mg/kg体重，进行混饲给药或者直接灌服；

伊维菌素，0.1mg/kg体重，口服，或0.1-0.2mg，皮下注射。

第七章

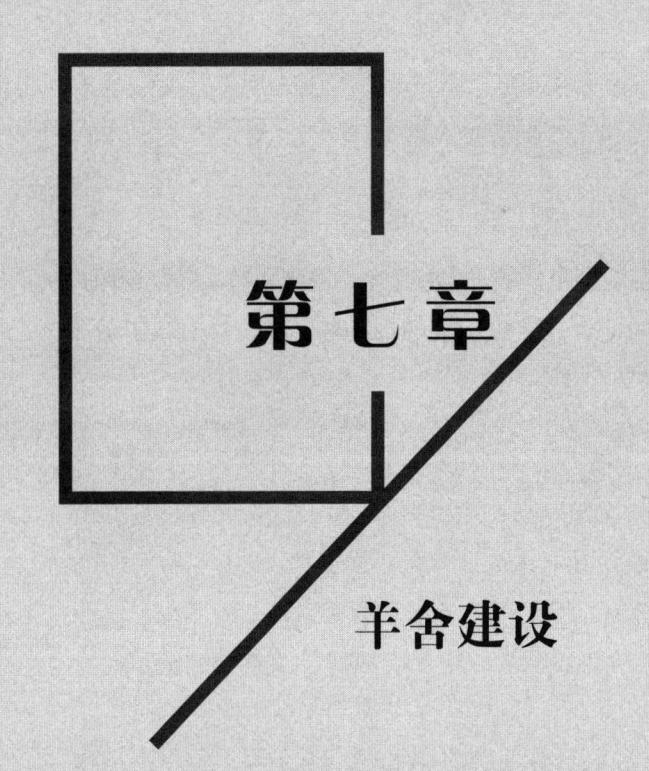

羊舍建设

一、选址

1. 羊舍选址

羊舍选址应选择地势较高、土壤干燥、排水良好、通风顺畅、向阳避风,位于居民区下风向通风朝阳的地方,有较宽阔的运动场,并应尽量接近放牧地。农区应选在绿洲外围。

土质应选择透水性好的沙质土壤。

水源四季供水充足,无污染。

电力通讯交通便利,但考虑到防疫的需要,圈舍与主要交通干线的距离不应少于300m。

2. 羊舍建筑的一般要求

①羊舍朝向一般应坐北朝南。

②羊舍应有足够的面积,各类羊只所需占用的羊舍面积为:种公羊绵羊1.5-2.0 ㎡/只,山羊2-3 ㎡/只,怀孕或哺乳母羊2-2.5 ㎡/只,育成羊0.6 ㎡-0.8 ㎡,羔羊0.5 ㎡-0.6 ㎡,育肥羊可掌握在0.8-1 ㎡/只左右。

③羊舍应有足够的高度,一般在冬季寒冷的地区舍内净高2.2m-2.5m,气温较高的地区舍内净高2.5m-2.8m。

④羊舍前方应设置运动场,面积约为羊舍面积的2-3倍。羊只出入的主门宽度不小于2.0m。圈墙高度1.2m-1.5m,材料可选条砖、土坯、片石或木板。

运动场(敞圈)建设面积:种公羊绵羊一般平均5-10 ㎡/只,山羊10-15 ㎡/只;种母羊绵羊平均3 ㎡/只,山羊5 ㎡/只;产绒羊2-2.5 ㎡/只;育肥羊2 ㎡/只。

二、羊场要求

1. 羊场场址选择要充分考虑饲草、饲料条件。建在地势干燥、采光良好、排水通畅、通风、易于组织防疫的地方。

2．羊场应设有生产区和管理区，场区内净道与污道分开，互不交叉。生产区要分置在管理区下风向，羊舍应分置在生产区上风向，隔离羊舍、污水、粪便处理设施，病死羊处理区设在生产区下风向。

3．羊舍设计应通风、采光良好，保温隔热，地面和墙壁便于消毒。

4．按性别、年龄、生长阶段设计羊舍，实行分阶段饲养、集中育肥的饲养工艺。同时，要保证羊舍面积充足的运动场和饲槽、水槽。

5．饲养场内不应饲养其它经济用途动物。

三、羊舍的建造形式

1．双坡式屋脊型羊舍

这是我国养羊业较为常见的一种羊舍形式，可根据不同的饲养方式、饲养品种及类别，设计内部结构、布局和运动场。羊舍前檐高度一般为2.5m，后墙高度为1.8m，舍顶设通风口，门以羊能够顺利通过不致拥挤为宜。怀孕母羊及产羔母羊经过的舍门一定要宽，一般为2-2.5m，外开门或推拉门，其它羊的舍门可以窄些。羊舍的窗户面积为占地面积的1/15，并要向阳。羊舍的地面要高出舍外地面20-30㎝，羊舍地面最好用三合土夯实，或用沙性土做地面。

2．单坡式或后坡长前坡短塑料薄膜大棚式羊舍

其优点是造价低，简单易建，适于一般养殖户或中小规模羊场。塑料大棚式羊舍后斜面为永久性棚舍，夏季可防雨，遮阴，前拱敞开冬季搭上棚架，扣上塑料薄膜成为暖棚，采光面积大可以防寒保暖，夏季去掉棚膜成为敞开羊舍。设计一般为中梁高2.8m，后墙内净高1.8m，前墙高1.5m，两侧前沿墙（山墙的敞露部分）上部垒成斜坡，坡度是塑料大棚的扣棚角度，以41℃-64.5℃为宜，以中梁、前墙及两侧前沿墙壁为底平面用竹片或钢筋搭成坡形或拱形支架作为冬季扣棚之用。在羊舍一侧山墙上开一个高1.8m，宽1.2m小门，供饲养人员出入，在前墙留有供羊群出入运动场的门。

棚膜一般使用 0.05-0.08mm 农用塑料薄膜（也可双层），扣棚时间一般在 11 月下旬至次年 4 月上旬。塑料棚要求绷紧拉平，四面压实不透风。设有换气孔或换气窗。可于晴朗天气打开通风透气，阴雪天和三九天夜间用草棉帘麻袋等将棚盖严，及时清理棚面积雪积露，冬季舍内温度一般应保持在 5-10℃为宜，最低不应低于 −1℃ −5℃，最高不高于 15℃。

四、羊舍设计图及说明

（一）平面规划图

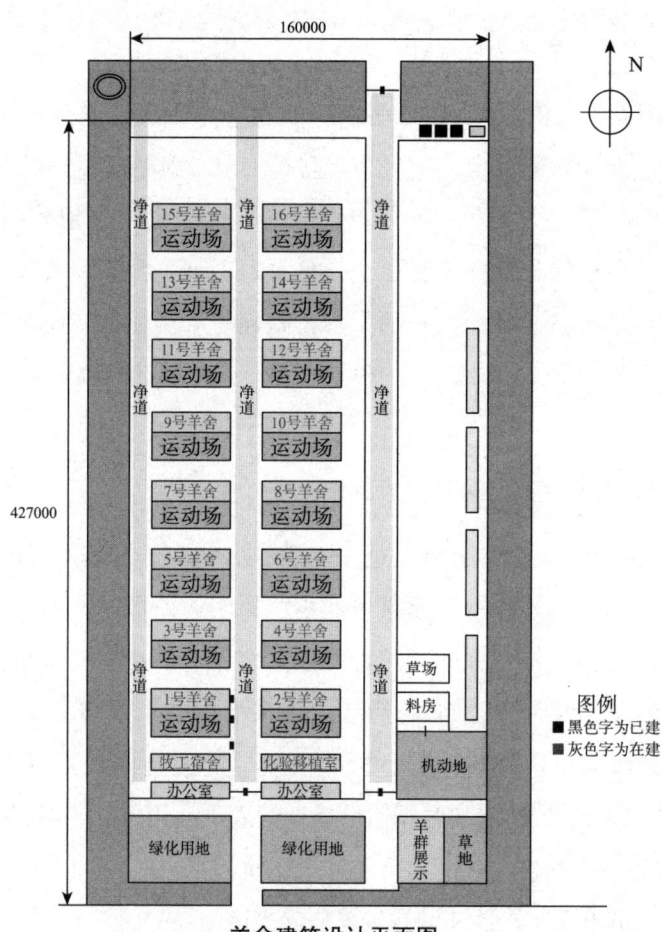

羊舍建筑设计平面图

（二）经济型羊舍

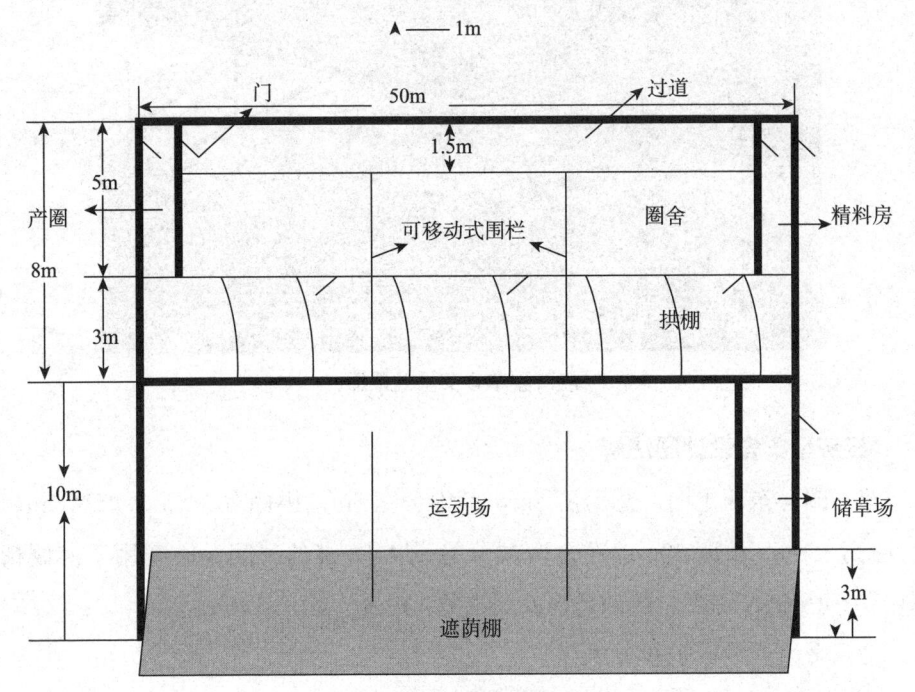

经济型羊舍平面图

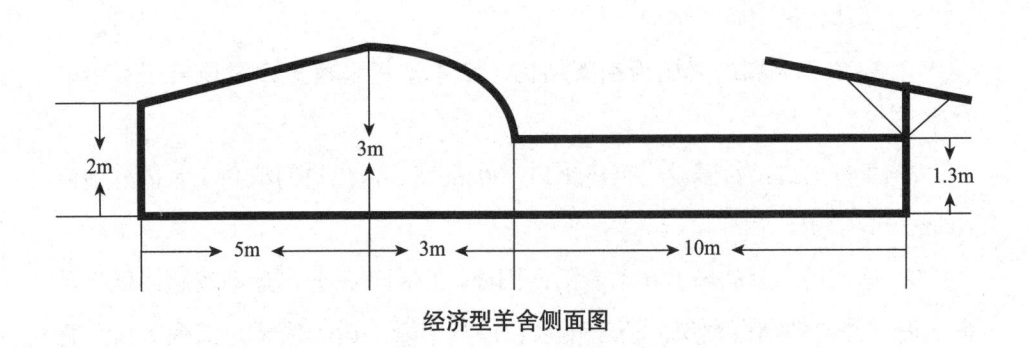

经济型羊舍侧面图

经济型羊舍实景效果图

经济型羊舍设计图注解

1．圈舍东西走向。总跨度 8m，其中舍宽 5m，拱棚宽 3m。后墙高 2m，前墙高 1.1m，长度 50m。在舍两端分另设 4×8 ㎡ 的房间，一间用于储放精料，一间用做产仔圈。运动场墙高：绵羊 130 ㎝，山羊 140 ㎝。

2．舍内走廊宽 150 ㎝左右。

3．背阴面对应每圈设一面积为 80×40 ㎝ 2 后窗（塑钢、玻璃），双扇一个，窗台高 120 ㎝。

4．地面：运动场土质、舍内砖地面。

5．墙体：采用砖混结构。

6．屋顶和天棚：天棚为钢架结构，冬季塑料膜覆盖。屋顶可用彩钢板制作。

7．羊进出口：每圈设一个进出口 100cm 宽。进出口门槛高于舍内外地面 10cm。

8．运动场：运动场设在羊舍的向阳面，以利于采光。运动场地面低于羊舍地面，并向外稍有倾斜，便于排水和保持干燥。运动场长与圈舍等长，宽 10m。

9．围栏：羊舍内和运动场四周均设有围栏，围栏高度 120 ㎝较为合适，材料钢丝网等。围栏必须有足够的强度和牢度。

10. 食槽：设在围栏外，可选择塑料或玻璃钢材质，或混凝土固定式食槽。食槽上口宽 30 cm，深度一般为 15 cm，不宜太深，底部应为圆弧形，四角也要用圆弧角，以便清洁打扫。食槽内沿高于圈舍地面 40cm，外沿高于地面 60cm。

11. 水槽：在每圈一侧设水槽，内沿高 40 cm，外沿高 60 cm，长 50 cm，上口宽 40 cm，深 30 cm，低端设一可堵塞的排污孔。或选用可移动水盆。

12. 遮荫棚：与圈舍等长，高 2.5m，宽 4m，其中 3m 在运动场围栏内用于遮荫，1m 在围栏外用于补饲槽挡雨。

经济型羊舍综合评价

1. 该舍建筑造价低，适应于养殖小区、养殖户。可一户一栋圈舍发展养殖业。

2. 优势：该舍在冬季可通过暖棚进行防寒处理，利于北方地区养殖。严冬时段可在无滴膜外加棉被以利于保温，依据天气情况打开暖棚。

3. 不足之处及解决办法：羊的饲喂、饮水、除粪工作主要依懒人工操作；夏季降温可通过弓棚加防晒网并结合舍内加装风扇或在山墙处安装湿帘解决；夏季防雨可通过运动场设凉棚解决，同时也利于解决夏季防暑问题；饲草屯放可通过在运动场一侧设专区解决；冬季除去舍内地面潮湿只能通过不断地加垫料来解决了。

（三）改进型羊舍

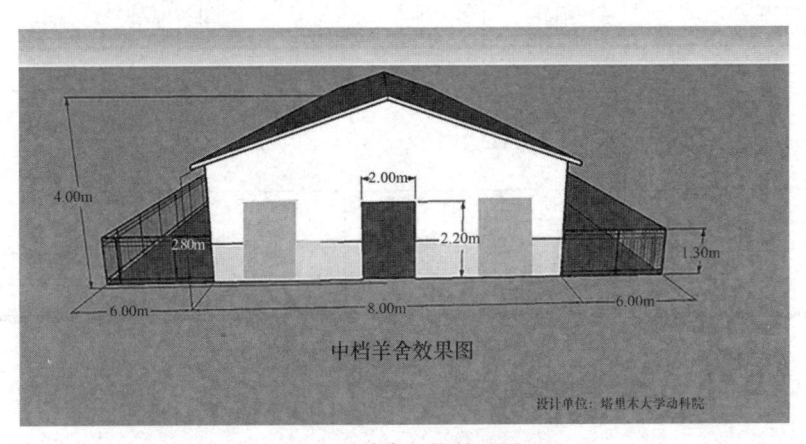

改进型羊舍正面效果图

羊舍平面图

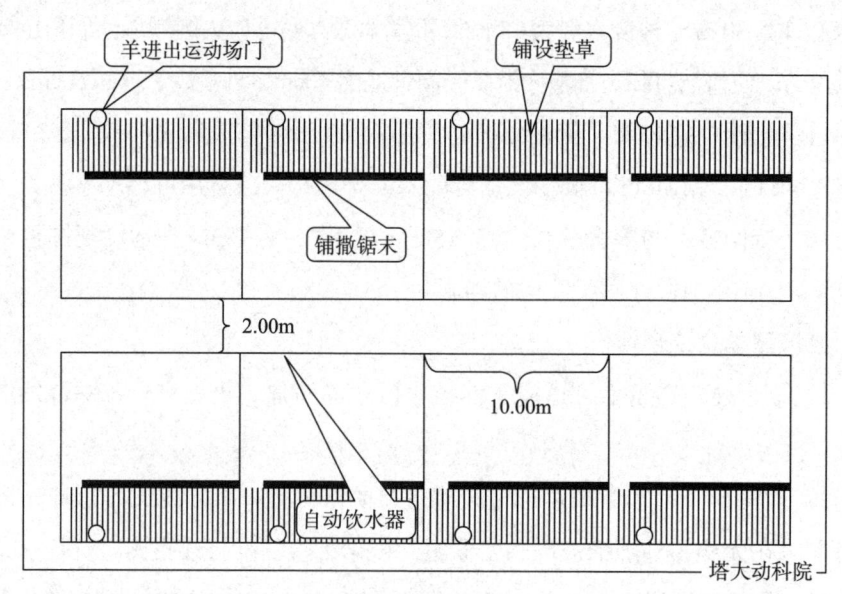

母羊舍内部平面图

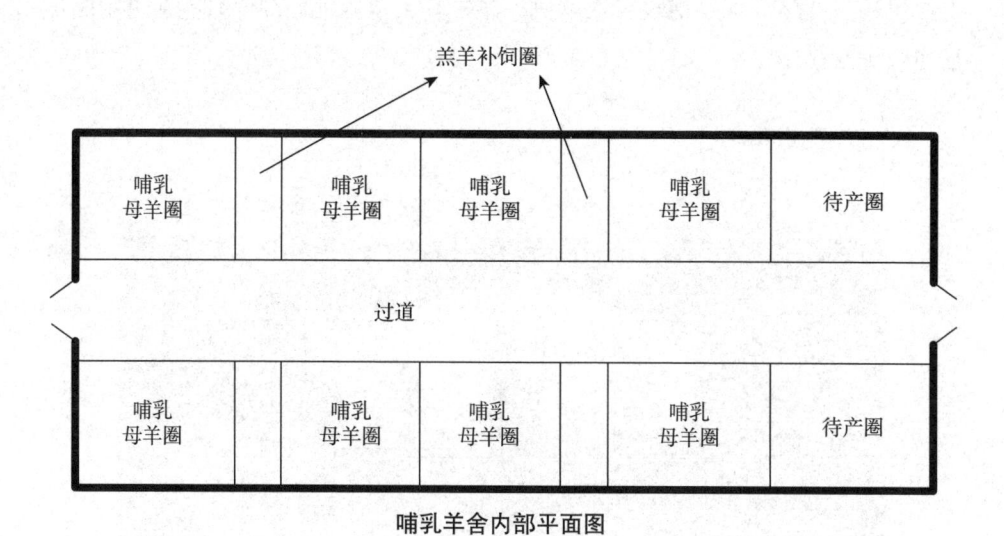

羔羊补饲圈

哺乳羊舍内部平面图

改进型羊舍向阳面实景效果图

改进型母羊舍设计图注解

中档羊舍实现自动供水、机械投料、机械清粪。人工控温、人工控湿。可用于母羊舍、育成羊舍、公羊舍等的建设。

1．羊舍东西向排列。圈长50m，跨度8m，其中舍内走廊宽2m，每列圈舍宽3m。舍屋脊高4m，前后墙高2.8m。

2．每个羊圈面积：10×3 m²，每圈可养羊30只。单栋双列圈舍可养羊300只。圈舍内隔离栏为活动栏，可向一边开启，可根据生产需要设定圈舍大小，便于分群管理。

3．背阴面对应每圈设一面积为80×80 cm2 后窗（塑钢、玻璃），双扇一个，窗台高150 cm。向阳面全设前窗（塑钢、玻璃），窗户高120 cm，窗台高120 cm。

4．羊舍每端设三个门，中间门用于投料车进出，两边门用于推粪车进出，夏季可每天或隔天清次粪，冬季为保暖起见，定期清粪或不清粪，或垫草。

5．地面：运动场土质、舍内砖地面。

6．墙体：采用砖混或新型建筑材料如金属铝板、钢构件和隔热材料等。

7. 屋顶和天棚：屋顶应具备防雨和保温隔热功能。钢架结构，屋顶可用彩钢板制作。

8. 羊进出口：每10m设一个进出口（1×1m），并设门，上下开关。进出口门槛高于舍内外地面10cm。

9. 运动场：运动场设在羊舍的南北两侧。运动场地面低于羊舍地面，并向外稍有倾斜，便于排水和保持干燥。运动场宽度10m，长度与圈舍等长。运动场设方便开关的1个小门，宽度80㎝。

10. 围栏：羊舍内和运动场四周均设有围栏，围栏为网格式金属网，必须有足够的强度和牢度。运动场围栏高度120㎝；舍内围栏高度100㎝，可上下调整，面对过道处设小门，宽度80㎝，每单圈一个；舍内隔离栏高度100㎝，具有可移动性。

11. 通风：两端正门上设排风扇，共2个。对应每圈在屋脊上设1可开关风帽，共5个。

12. 供料：中间过道两侧下凹做为食槽，食槽内侧高于中间过道10cm，防止草料洒落舍内出现浪费，食槽内侧向圈舍内突入10cm。食槽上口宽30㎝，深度一般为15㎝，不宜太深，底部应为圆弧形，四角也要用圆弧角，以便清洁打扫。中间走道高于圈舍地面30cm。

13. 供水：自动饮水器，高度40㎝、60㎝，便于小羊、成年羊饮水。水管线布在墙上，pvc管均可。饮水器下方地面可设贮水坑，防止水溢圈舍。每橦圈舍设2个储水罐（塑料制品），分别放在侧门上方，内设加温设施，定期向罐内加水。

14. 舍内温度：夏季要低于25℃，冬季要高于10℃。通过阳光、窗户、排风扇等来调节温度。

15. 水、电：照明电，日常饮用水。

16. 羊的占地面积：种公羊1.5-2.0㎡/头；空怀母羊0.8-1.0㎡/头；妊娠或哺乳母羊2.0-2.3㎡/头；幼龄羊0.5-0.6㎡/头。

改进型哺乳羊舍设计图注解

主要用于待产羊合、哺乳羊舍等的建设。

1. 羊舍分为待产羊圈、哺乳母羊圈、羔羊补饲圈。羔羊补饲圈长200cm，夹在两哺乳母羊圈中间。待产羊圈位于圈舍一端。

2. 羊舍每端设一个门，用于投料车进出。

3. 地面：运动场土质、舍内混凝土地面。

4. 羊进出口：每哺乳母羊圈设一个进出口（1×1m），并设门，上下开关。进出口门槛高于舍内外地面10cm。

5. 围栏：运动场、圈舍为网格式金属网。运动场围栏高度120㎝；舍内围栏高度100㎝，可上下调整，面对过道处设小门，宽度80㎝，每单圈一个；待产羊圈隔离栏高度100㎝。羔羊补饲圈两侧围栏为栅栏式，每格宽20cm，允许羔羊任意进出。

6. 羔羊补饲槽：为可移动式，四周沿高15cm，槽口宽30cm，槽底宽20cm。槽底距地面15-20cm高，槽上设隔档，防羔羊跳入。

7. 供暖：设地暖较为合适，每列舍铺5条管线，共10条线，保证冬季舍温高于10℃。

8. 羊的占地面积：待产羊、哺乳母羊2.0-2.3 ㎡/头；幼龄羊0.5-0.6 ㎡/头。

9. 其他建筑要求同中档母羊舍。

改进型羊舍综合评价

1. 该舍建筑造价较高，适应于集约化养殖、养殖小区、养殖合作社。

2. 优势：该舍在设计上体现了自动供水、机械投料、机械清粪，可明显增加单位劳动力对羊的饲养量，饲养员只负责打扫料道、圈舍、运动场的卫生，开关门窗、拓排风扇工作；通过调整舍内隔栏控制单圈饲养量，利于羊的分群、隔离；具有一定的人工控温、人工控湿作用。

3. 不足之处及解决办法：虽然可通过阳光、窗户、排风扇等来调节温度，但在冬季严寒时段无法保证舍内温度，可通过舍内增加火炉来加温；冬季舍内潮湿只能通过风帽换气进行缓解，如有加温设施自可解决；夏季舍内降温可通过开户门窗解决；夏季防雨可通过运动场设凉棚解决，同时也利于解决夏季防暑问题。

（四）现代型羊舍

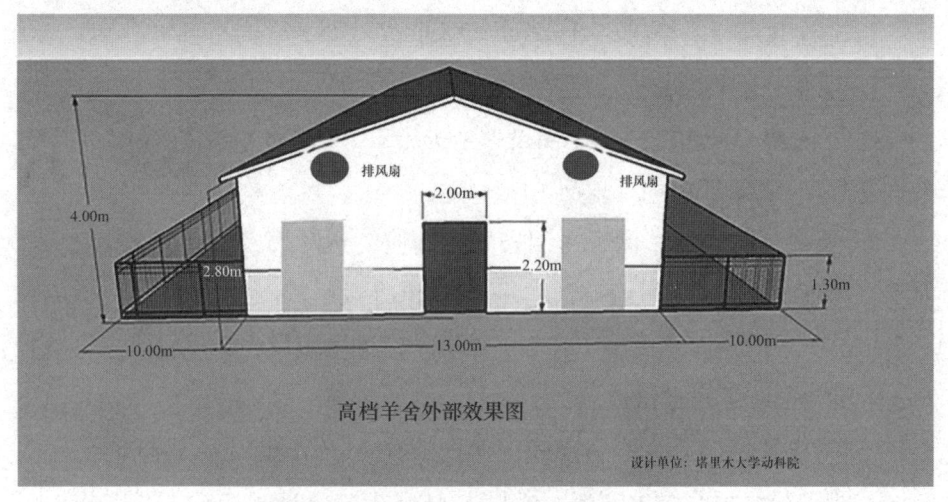

高档羊舍外部效果图

设计单位：塔里木大学动科院

现代型羊舍设计图注解（在中档舍基础上增加部分）

高档羊舍可在中档羊舍基础上加上智能化设施，实现自动控温、自动控湿、自动供水、机械投料、机械清粪。

1. 羊舍东西向排列。圈长100m，跨度13m，其中舍内走廊宽3m，每列圈舍宽5m。舍屋脊高4m，前后墙高2.8m。

2. 每个羊圈面积：5×5 ㎡，每圈可养羊15只。圈舍隔离栏为活动栏，可向一边开启，可根据生产需要设定圈舍大小，便于分群管理。

3. 羊舍每端设三个门，中间门用于投料车进出，两边侧门用于推粪车进出，每天或隔天中午在羊赶入运动场后清粪。

4. 地面：运动场土质、舍内水泥地面。

5. 窗户：背阴面、向阳面全设窗户（塑钢、玻璃），窗户高120㎝，窗台高120㎝。

6. 遮荫棚：在运动场远离圈舍面设遮荫棚，宽度4m，3m遮运动场、1m遮补料台，长度与圈舍等长。向运动场内倾斜。棚高2.5m。

7. 运动场料台：设在运动场围栏外，高于地面30㎝，宽度3m，与遮荫棚等长。内侧设食槽沟，尺寸同舍内食槽。

8．供水：自动饮水器，自来水供水。

9．供暖：采用地暖，舍内圈每列平行布管线 5 条，共 10 条线。养殖场设锅炉。

10．夏季降温：安装湿帘，在羊舍山墙两端侧门与中间门间设湿帘，共 4 个。

11．通风：在羊舍山墙两端侧门上设排风扇，共 4 个。

12．其他设施同中档羊舍设计。

13．舍内温度：夏季要低于 25℃，冬季要高于 10℃。电脑控制圈舍内供暖设施、湿帘、通风帽、排风扇等。

现代型羊舍综合评价

1．该舍建筑造价较高，适应于集约化养殖。

2．优势：该舍在设计上体现了智能化，实现自动控温、自动控湿、自动供水、机械投料、机械清粪，可明显增加单位劳动力对羊的饲养量，饲养员只负责打扫料道、圈舍、运动场的卫生；该舍利于羊的分群、隔离、防疫等工作的开展。

3．不足之处及解决办法：该舍投入成本大，需要高水平的管理人员、技术人员和素质较高的饲养员、辅助人员（驾驶员、电工、锅炉工）才能发挥出其优势。

参考文献

陶大勇，王选东，任有才.《畜禽常见病诊断及防治实用技术》，西北农林科技大学出版社，2006 年，ISBN：9787810922586

荣威恒，张子军.《中国肉用型羊》，中国农业出版社，2014 年，ISBN：9787109197510

李明、晁先平.《羊饲养管理技术》，中原农民出版社，2006 年，ISBN：9787806419007

张英杰、刘洁.《实用科学养羊技术手册》，中国农业科学技术出版社，2020 年，ISBN：9787511651839

权凯.《羊场养殖实用新技术》，机械工业出版社，2017 年，ISBN：9787111564898

赵有璋.《羊生产学》（第三版），中国农业出版社，2011 年，ISBN：9787109154063

张英杰.《羊生产学》（第四版），中国农业出版社，2019 年，ISBN：9787109262737

李延春.《羊胚胎移植实用技术》，金盾出版社，2004 年，ISBN：9787508232638